U0520611

天喜文化

从声音到文字，分享人类的智慧

永远不要停下前进的脚步

石雷鹏 著
李尚龙 监制

天地出版社 | TIANDI PRESS

图书在版编目（CIP）数据

永远不要停下前进的脚步 / 石雷鹏著 . —成都：天地出版社，2020.11
 ISBN 978-7-5455-5934-7

Ⅰ.①永… Ⅱ.①石… Ⅲ.①成功心理—通俗读物 Ⅳ.①B848.4-49

中国版本图书馆CIP数据核字（2020）第180429号

YONGYUAN BUYAO TINGXIA QIANJIN DE JIAOBU
永远不要停下前进的脚步

出 品 人	陈小雨　杨　政
作　　者	石雷鹏
责任编辑	吕　晴
封面设计	WONDERLAND Book design 仙境 QQ:344581934
责任印制	董建臣

出版发行	天地出版社 （成都市槐树街2号　邮政编码：610014） （北京市方庄芳群园3区3号　邮政编码：100078）
网　　址	http://www.tiandiph.com
电子邮箱	tianditg@163.com
经　　销	新华文轩出版传媒股份有限公司

印　　刷	北京文昌阁彩色印刷有限责任公司
版　　次	2020年11月第1版
印　　次	2021年10月第10次印刷
开　　本	880mm×1230mm　1/32
印　　张	8.5
字　　数	218千字
定　　价	42.00元
书　　号	ISBN 978-7-5455-5934-7

版权所有◆违者必究

咨询电话：(028) 87734639（总编室）
购书热线：(010) 67693207（营销中心）

如有印装错误，请与本社联系调换

推荐序
李尚龙

其实我一直想写一个关于石雷鹏的故事，但一直不知道该怎么下笔。可能因为关系太好，怕写起来不客观，可能更怕我眼中的他跟他眼中的自己出入太大，于是脑子里时常会闪现出这样的场景：我正在打字，他忽然站在我身旁，说："尚龙，我是这样的人吗？"

人总是不能对自己有客观的认识，但话说回来，别人对自己的认识又真的客观吗？于是我决定尝试一下。

如果真的只用一句话去形容他，我想这句话多半是我们上课时一直讲的话：他永远都没有停下前进的脚步。

他的身份，一直都是一名英语老师，桃李满天下。但谁也不知道，他的起点不过是河北邯郸的一个村庄，那里的人面朝黄土背朝天，而他一步步走到了今天。我甚至能预感到，今天，他的一切才刚刚开始。

我不知道怎么去评价他，因为这些年的生活，让我学会不去评价朋友，只去欣赏朋友。但这既然是石雷鹏老师第一本书的序，我一定绕不开评价他，更绕不开对他的欣赏。

所以，我开始了。

如果一定要说他是个什么样的人，我想最直接的评价肯定是：他很怪。

他怪到让人不能理解这一路是怎么走来的。

我去过一次他的老家，离着老远，我们的合伙人之一尹延就笑嘻嘻地跟我说："尚龙，他们家竟然有拖拉机！"然后傻了吧唧地坐上去，喊了声："驾！"

那是我第一次意识到，一个跟我们这么近的朋友，其实是从这个村庄里，通过自己的努力，一步步走出来的。他就是从这片土地开始，一步步通过知识改变命运，一步步从农村来到北京，去一所大学当了老师，又辞职出来跟我们一起创业，每天跟打了鸡血一样奔波在课堂和书本间，然后恍然在这繁华中立足了。

除此之外，他更怪的是，明明十分励志，却非要把自己伪装成"二货"的模样。

每次下了课，学生拥入我的微博说"彦祖又调侃你了"，这时候我就知道，他又调侃彦祖了。

他天天说自己长得像彦祖，学生一边上课，一边开怀大笑，说："你像宋小宝！"

2015 年，我们从老东家新东方辞职，杀入在线教育，创立了考虫网，都成了所谓的名师，生活都发生了改变。我开始专心写作，尹延开始研究管理，石雷鹏却开始疯狂发微博，一天几十条甚至上百条，全是各种搞怪照片。一般人恶搞别人，他恶搞自己。

他就是这么怪，总把自己放得很轻，以至于很少有人知道他也有生命之重。那些沉重，似乎一直被他埋藏在心里，不被人知。他就这么看起来轻飘飘的，一步一步，走到今天。只是现在看来，他从未停下前进的脚步，所以他走得不快，但很稳；走得不壮观，甚至有些幽默。

我是在一年前正式邀请他写作的。我帮他跟出版社谈了合同，出版人董曦阳是我多年好友，他们团队竟然早就听说过他，我们谈得很顺，几天后就定下了出版计划。

石雷鹏老师拿到合同时，冷静又焦虑地看着我，说："我能写得出来吗？"然后一边问着，一边签了合同。

接下来的几个月里，他一边上课，一边发着微博，还更新着自己的微信公众号，然后在一个夜晚，他在酒桌上喝得人仰马翻，忽然说："尚龙，我写到 7 万字了。"

我说："加油，还有 3 万字就结稿了。"

第二天，他就去了医院，医生说他胃溃疡，几个月不能再喝酒了。他只给我说了一句话："做胃镜的滋味真不好受。"我才知道，每次他动笔时，都喝着酒，先把自己喝到情绪上，才开始动笔。也就是那次，我隐约感受到，他写不动了。我那天对董曦阳说，这 3 万字肯定要等到几个月后了。

可怪人永远就是怪，才过了一个月，他就跟我说："尚龙，我写完了。"

就在那一天，我们和出版社的朋友吃了顿大餐。他拿起杯子倒满酒，又把杯子放下，然后忽然说："等我的新书出版时，我的胃应该就好了，那时我就能喝酒了。"

我没说话，因为我知道他怪，很多事情不符合逻辑，但他有自己的处世哲学，那套处世哲学，或许只有他自己知道，那套轻飘的生活方式，恐怕只有他自己明白，谁也不会知晓。但我能知道的，是他从未停下前进的脚步。他就像那种好学生一样，总是偷偷努力，却装作一副不用功的样子。

他的怪，直到有一天，我才意识到了点儿什么。那是我们第二次创业的一天，公司账户上忽然就缺了钱，投资迟迟不到位。他看我有些焦虑，于是问我怎么了，我说，我让助理过两天给我的微信公众号接条广告，要不然第二个月工资发不下来了。

他愣了一会儿说，那我接个广告来支援一下公司吧，我的用户黏性高，平时维护得好，他们能理解。

我也是在那天回家的路上，忽然明白他的那些怪，都是有自己的原因的，那些看起来的轻，其实是重的。

他不想标榜自己励志，是因为自己不愿把生命描述得苦大仇深。

他说自己是吴彦祖，是不想把课堂弄得太枯燥。

他喝酒，是因为只有喝酒才能写出动情的文字。

他忽然不喝酒，是因为他知道，只有不停地变动，人才能走得更远。

他能在一年里写完这本书，是因为他终于可以去面对自己，用一笔一画书写这些年自己走到今天的轨迹。我相信，这一切刚刚开始。而这一切正好是本书的书名，也是我对他的评价，以及我要对每一个读者说的话：永远不要停下前进的脚步。

谁叫他这么怪呢。

希望他一直怪下去吧。

这本书，我花了一天读完，也希望你能看看，茶余饭后，总能有些收获。

自 序

今年的我,已走过了自己百岁人生的三分之一还多几年的时光。

前几天,我跟肖央、尹延和尚龙一起喝酒。肖央谈起表演时,不无感叹地说:"男人20多岁时,或许还能扮可爱,卖卖萌,可是30多岁时,还能吗?"

我喝了口酒,说:"能!"

肖央笑了笑,问:"那你还能卖萌几年?还是几十年?"

那一刻,我感觉自己被击中,有点儿凌乱。

说来惭愧,作为一个30多岁的在线教育行业的老师,我经常恬不知耻地声称自己是00后,在自媒体发照片或直播时,美颜开最大,嘟嘴卖萌,也是常态。甚至这些天,我还在研究学习"二次元"。

但这些只是陌生人看到的我,也不是我真实的全部。

一

我出生在中国北方一个在地图上连名字都没有的小村庄。

小时候,我能想到的未来,大概就是面朝黄土背朝天,日出而作,日入而息,周而复始地劳作。

第一个真正打开我的眼界和世界的人,是我的叔叔。童年时,他是我仰望的太阳、远处的高山和星辰大海。

叔叔是爷爷四个孩子中唯一的大学生，他的求学之路相当坎坷而艰辛。

由于家境贫寒，叔叔读了两年高中就辍学了，因为要生存。之后，他在自家的作坊里与磨面机的轰鸣声为伴。

就这样，一晃两年。

也不知是在历史上的哪年哪月哪日，他骑自行车去市里买机器零件，幸运地遇到了曾经的高中班主任。

老师问："你不上学，在家干啥？"

他说："在家开磨面机。"

老师看了看他年轻稚嫩的面孔，说："你成绩那么好，不考大学，可惜了。"

他挤出一丝苦笑，说："可是，家里的情况……您知道的。"

那位老师接着说："你知道吗？你的那个同学××，他成绩一直不如你，现在已经考上××大学了。"

那一刻，叔叔沉寂两年的心，再次像火一般燃烧起来。

这段往事，在爸爸的讲述中，陪伴我度过了小学和初中。初时，我只是静静听着、想着，却有很多不解。后来，年龄渐长，阅历渐多，再听爸爸讲述这段故事时，我的心会因激动而颤抖，我逐渐懂得：年轻的叔叔在那一刻，看到了生命中无限的可能。

那位老师也很伟大，据说那天，他还买了水果，跟着叔叔去到村里，说服了爷爷和奶奶，让他们最小的儿子重回学校、重回课堂、重新踏上读书改变命运的征途。

两年后，叔叔如愿以偿，拿到了大学录取通知书，成为我们村的骄傲，他是全村第一位大学生。

很多人，能忍受生活的各种苦，唯独受不了读书的苦。但他们不知道的是：生活的苦，是一种消耗；而读书的苦，是收获，是重塑。

而这个道理，在我很小时，就幸运地懂了。

这也得感谢我爸爸，他在我幼年时，曾无数次眉飞色舞地讲述他引以为傲的弟弟的求学之路，也让我这双小小的眼睛看到了远方大大的世界。

二

后来的我，追寻着叔叔的足迹，来到更大的城市，不仅读完了大学，还在机缘巧合下，幸运地被保送了研究生。

研究生毕业，在二三线城市找工作受挫的我，选择了只身闯荡北京。结果，又在机缘巧合下，被一所大学相中，当了英语老师。

在大学工作的日子，波澜不惊，是一段开心的时光。我曾经以为，此生大概就这样了：工作稳定安逸，闲暇时，挣点儿外快，在平淡的岁月流逝中终老。

时至今日，我也并未觉得这样的日子有什么不好，只是后来的人生际遇迫使我无法享受这种相对的安逸。

读研和在大学工作时，我曾在中国最好的培训机构兼职，且小有名气。后来，尹延老师拉着我一起投身在线教育的红海，杀出一片新的天地，让我看到了更大的世界。

尚龙老师还在教育领域之外，不断开疆拓土，先后冲进了文化圈和影视圈。蹭着尚龙老师的酒局，我聆听了中国一线作家、导演、制片人、表演艺术家，以及众多创业者的侃侃之谈。

他们各种新奇的思想、不安的灵魂和敢拼敢闯的精神，激励着我，改变着我，让我的眼界一次次被打开。

每次踏足新的知识盲区时的激动、紧张和兴奋，都刺激着我，让我眼界大开，一次次看到更多的可能。

这本书中，就记录着很多这样的故事。

当然，多年来，我一直是个老师，有缘见证了很多同学逆袭成长的故事。因此，这本书除记录我自己的故事外，还记录了一些朋友、同事、同学的经历，以及很多学生的成长。他们之中，有专科毕业考上名校研究生的牛人，还有非名校出身、凭借永不放弃的坚持闯出一番天地的逆袭者。

我也是个俗人，难免也会有松懈、偷懒，甚至放纵自己堕落的想法。每当这种想法偷偷冒出来的时候，我总会想到自己身边这些比我优秀还比我努力百倍的人。

听过考虫课程的很多学生都会注意到，我们的课件右下角有一行字：永远不要停下前进的脚步。这句话是写给学生的鼓励，也是各位老师对自己的鞭策。

很多时候，起点低并不可怕，因为决定我们人生高度的一定不是起点，而是玩命努力之后可以达到的终点。

我们要珍惜当下，因为我们的每一天，都是自己生命里最年轻、最美好的日子，我们没有理由停下前进的脚步。

三

最后，还是要假装谦虚，说几句自己的不足。

作为一个才华有限青年，我深知自己文字拙劣，看书也不过数百本，输入不足，产出能力自然有限，因此不敢奢望您能读完并喜欢每一篇文字。

但依然希望您能坚持多读几篇，如果有一篇或几篇能让您喜欢，我心甚慰；

如果还有几篇能对您有所启发、有所帮助，我的努力就没有白费；

如果还有几篇在您读完之后，还想分享给您在乎的人，那我就谢天谢地，也谢谢您了。

当然，我最希望的是：读过此书的您，不仅有想做点儿什么来改变自己的冲动，而且还会采取行动。或许，这将是本书最大的意义。

霍金曾说："世界上最让人感动的是遥远的相似性。"

我们可能素未谋面，但希望您在阅读中，找到与此书的灵魂契合点。

感谢尚龙老师，他是本书的监制，也是引领我创作的大咖；感谢天喜文化的曦阳老师、李博老师、吕晴老师、肖瑶老师，是他们的持续关注和推进，让本书得以面世。

爱你们！么么哒！

石雷鹏

2020年6月29日于北京

目录 Contents

Chapter 01 你的一天怎么过，一生就怎么过

放纵与焦虑·002
你的一天怎么过，一生就怎么过·008
接受自己的不完美，但不接受自己的不努力·013
保持随时离开的能力·017
那些你所谓的不公平·024
放纵，正在毁掉一些年轻人·027
提前充电，早点儿认清自己·030
你不够努力，鸡毛蒜皮的破事都成了烦恼·035
有效的努力，不是傻傻的坚持·040
在崩溃的边缘，保持微笑·045
"不务正业"与"不务专业"·048
所有的成长，都来自舒适区之外·052
你很年轻，心却早早老了·058

Chapter 02

他们都活成了自己喜欢的样子

努力了，就是要得到结果·064
"5·21"，那个送花给我的男生·068
穷不可怕，可怕的是你一直坚守贫穷·072
致老白：致敬所有的创业者·076
成为更好的自己：从焊接专业、房产销售到中传硕士·082
努力做个好人，不再费心向别人证明什么·087
读名校，不是你成长唯一的出路·093

Chapter 03 给生活做减法，给精神做加法

给生活做减法，给精神做加法·102
如何对抗拖延症？·107
如何戒掉手机的瘾？·115
居家学习/工作时，如何保证效率？·120
战胜焦虑最有效的方法·126
方向对了，努力才有意义·130
你的无聊时光，用"主动式休闲"填充·135
克服人性的弱点，从戒掉"懒癌"开始·140

Chapter 04 有的人,爱着爱着就不爱了

不在精神世界共同成长,就在现实世界形同陌路·146
删了吧,那个"爱而不得"的人·150
有的人,爱着爱着就不爱了·155
好聚好散的分手,也很残忍·159
处女情结,怎么破?·165
不要和逼你结婚的人恋爱·170
稀里糊涂的爱,来得快,去得更快·174
那些没有答案的问题,不妨先交给时间·178

Chapter 05 你的眼界，决定你的世界

别把自己的眼界当作全世界·182
不成熟，不等于耿直·187
赢得争论最好的方法，就是避免争论·192
贬低别人抬高自己时，暴露了什么？·198
你呀，别一大把年纪了，还像个孩子·203
人生就像一盘红烧肉·208
当父母催婚时·215
家，有时候不是讲道理的地方·220
真正聪明的人，都懂得敬畏专业·223
给生活埋点儿"彩蛋"·227

Chapter 06 我曾经是个文艺青年

曾经引以为豪的事,差点儿毁了我自己·232
我曾经是个文艺青年·236
我在高校教书的日子·240
毕业后,为啥一定要去大城市? ·244
多少无知罪怨,事过不境迁·250

Chapter 01

你的一天怎么过，
　　一生就怎么过

宜努力，忌焦虑

放纵与焦虑

一

越是优秀的人越自律。

比如我的好朋友——"中年滞销书作家"李尚龙,就是一个很自律很优秀的人。

这些年,他每天坚持读书写字,还通过读书会的形式把自己读过的书分享给像我一样读书不够多的人。

这些年,他坚持"喝酒只喝茅台,别人少喝自己多喝"的原则。因为这个原则,吃饭的次数虽然少了,但参加饭局的人层次高了,有效的社交多了。

这些年,他为了保持身材,坚持跑步,并遵守少吃主食、多吃蔬菜和肉的"轻断食"法则。虽然脸上的肉没甩掉多少,但体重从160斤降至130斤,并保持到现在。

可见,专注和坚持,是一个人变优秀的必要条件。而自律,是培养这两项素质的根本。

当然，我身边也有不自律的人，比如我的一个同事，总把"立志"挂在嘴上。

有次跟我私下喝酒时，他说："我想努力工作！我要升职加薪！我要找到漂亮的女朋友！"

我说："干就是了。"

第二天，我走过他的工位时，瞥见他在忙碌——忙着"摸鱼"，在微博、抖音、淘宝、微信朋友圈流连忘返。

几个月后，他被公司开除了。

离职那天，我看到他发了一个朋友圈："终点也是起点，努力向高处走。"

像这个被炒鱿鱼的哥们儿一样常立志不自律的人，可能不是少数。

很多人说提升自己，雅思、口语、职场提升的书和课买了一堆，但书买后没翻几页，课也只听了开头就没有然后了。

很多人说减肥塑身，制订了运动计划，办了全年的健身卡，发誓要戒奶茶，坚持完前两周，第三周就歇菜了。

很多人说要用idol（偶像）来激励自己，看到idol有学识、才艺、好身材，备受鼓舞。于是，买了idol推荐的所有装备，比画几下，最终也没有练成idol的模样。

很多大龄剩男、剩女说要找对象，以便过年时堵住父母、亲戚催婚的嘴，却懒得捯饬自己，更懒得去拓展社交圈子，好像对象会从天上掉下来似的。

嘴上说要做的事情那么多，到头来，升职、读书、才艺、健身、找对象，每件事都没有下文了。

如果说以上这些听上去像是我在杜撰，请再看一下腾讯网搞过的一项权威的调查统计。

在 2019 年一年中，23—45 岁的人当中：

70.7% 的人买了书没看；69.5% 的人报了健身课程后，去了不到 10 次；79.3% 的人学英语中途放弃；学短视频制作等职业技能的人中，放弃的有 91.1%。

人与人之间的差距，就是被这看不见的自律拉开的。

二

你要知道，人的欲望是可以分级的，分为低级、高级和顶级。

什么是低级欲望？标准很简单：通过放纵自己就能得到的，就是低级欲望。

只要放松对自己的要求，愿意放纵自己，就可以迅速满足自己的各种低级欲望：刷短视频、玩游戏、聊八卦、讲荤段子、搞一夜情等。

面对低级的欲望，你可能会情不自禁地沉浸其中，并且很快不可自拔。所以，如果你发现自己沉溺于刷短视频、打游戏之类的低级欲望中时，千万不要只是自责不够自律。因为除了你的不自律，很多大公司里的"坏叔叔"也在利用你这个人性的弱点勾引你，他们通过各种刺激和上瘾的设计，让你深陷其中，从而实现商业价值。

然而，我想告诉你的是一条你看不到的逻辑：那些让你爽的东西，也一定会让你痛苦。如果你的低级欲望被无限满足，你离灭亡就不远了。

三

低级的欲望靠放纵，高级的欲望靠自律。

什么是高级的欲望？需要通过克制低级欲望才能实现的，比如专业技能、强健体魄、好身材、财富、好名声等，这些东西都要通过自律才能实现。

所有优秀的背后，是你看不到的苦行僧般的自律。一个人自律的程度，决定了他人生的高度。

看过电影《我不是药神》的很多人，都记住了电影里一句很扎心的台词："这世上只有一种病——穷病。"

与这部电影同时刷屏的还有一位演员——电影里吕受益的扮演者王传君。吕受益的人设是位慢粒白血病人，王传君的表演很成功，他将白血病人身体的羸弱和精神的脆弱，展现得淋漓尽致，给人一触即溃的感觉。

但你可能不知道的是，为了演出病人的虚弱和消瘦，王传君很早就开始减肥，每天跳绳 4000 个，后来增加到每天 8000 个，电影开拍时，他瘦了整整 25 斤。

为了更真实地表演出被病痛折磨的憔悴与挣扎，王传君将自己的头发剃成了斑秃，然后又熬了两天两夜没合眼。

越自律的人，越懂得对自己下狠手。对自己下手越狠，得到的回报可能就越大。

我读大学时的一位老师是北大的英语语言文学博士，他读博期间主要研究方向是 17 世纪英国玄学派诗人约翰·邓恩（John Donne）。

在攻读博士期间，他每天早晨都会在北大的未名湖畔一遍遍大声背诵约翰·邓恩的诗歌。每次声情并茂地背诵后，还会掏出随身携带的小本本，用文字记录朗诵诗歌时脑中一闪而过的灵感。然后，他再把记录下的灵感结合文献、作者生平、逸事和作品本身，进行深入思考。而且，他坚持尽一切可能随时把自己思考的结果与同学、导师沟通交流，听取他们的意见、建议。

他在北大读了两年博士，就坚持了两年无间歇的早起，后来的他成为英国玄学派诗歌，尤其是约翰·邓恩诗歌研究领域的权威。

很多人向往和追求自由，然而你可能不知道的是：越自律，才越自由。

你无比自律，在大学期间，接受了良好的专业技能训练，该读的书读了很多，你毕业找工作时，就有选择的自由。

你无比自律，职场上，专注工作，能力出众，工作干得总比老板预期的好，你升职加薪，实现财务自由，想买啥买啥。

你无比自律，生活中，坚持健身、读书，有着好看的皮囊和有趣的灵魂。远远望去，人们看到的是你的魔鬼身材；走近你，欣赏的是你的博学和有趣。这样的你，怎么可能没人爱？是一般人没勇气追你而已。

自由的本质，是自律。自由不是放纵自己，不是无所不为，而是有所为，有所不为！

四

低级的欲望靠放纵，高级的欲望靠自律，顶级的欲望靠煎熬。

什么是顶级的欲望？你穷尽一生想要完成的一个或几个目标，比如一个政治家的家国抱负、一个企业家的宏伟蓝图、一个作家的旷世之作、一个普通人的为爱一生坚守……

可以被称为顶级欲望的东西，往往需要通过旷日持久的煎熬才能得到。

辩证地看，凡是让你爽一时的东西，以后大都会让你痛苦；凡是让你忍一时痛苦的东西，以后大都会让你功成名就。

南非已故前总统纳尔逊·曼德拉的传奇一生中，经历了从酋长继承者，到青年政治领袖，到入狱27年，再到出狱后成为南非首位黑人总统的跌宕起伏。

被尊称为"南非国父"的曼德拉，能在漫长的岁月流逝和残酷的政治斗争中坚持下来，并笑到最后，靠的是他的顶级欲望——为国家谋独立，为黑人乃至所有有色人种谋自由、平等和尊严。

煎，是你数十年如一日的焦灼；熬，是你数十年如一日的坚持。

你要想挑战人生巅峰，你的后路，可能就是没有后路。因为你的努力可能会被否定，你的辛苦可能不被认可，你的隐忍可能不被理解，你的付出短期内没有回报。

你要穿过无尽的黑暗，你要看穿人性，你要体味人间冷暖，但你不能妥协，只能默默地积蓄能量，在逆境中让自己成熟，在绝境中捕捉稍纵即逝的机会。

所有的卓越都是逼出来的，所有的轻松都是熬出来的。当你选择在夜晚的被窝里哭泣，但第二天醒来依然微笑前行时，你才成为一个真正坚强的人。

愿你我都成为一个不为低级欲望放纵自己，而为高级欲望懂得自律，拥有顶级欲望并为之坚守一生的人。

你的一天怎么过，一生就怎么过

一

思考一个问题：你的空闲时间多，还是忙碌时间多？

如果你不缺的是空闲时间，说明你可能穷，因为你的时间不值钱。

关于穷和富，先听我讲一个故事。

穷人去世后去见上帝，他质问上帝："为什么有人一生享受荣华富贵，锦衣玉食，而我却只能饥肠辘辘，干着又苦又累的工作，穿着又破又烂的衣服，住着四处透风的屋子？"

上帝一脸无辜地说："我把知识、技能、信念、机会都放在了你的头顶上方，只要你抬头就能看到，只要你起身跳一下就能抓到。但是你呢？我只看到你每天低头干着又苦又累的工作，即便是在空闲时间休息时，你也在低头唉声叹气而已。"

故事里的穷人，物质的穷，只是表面；认知和眼界的穷，才是根本。认知水平越低的人，往往格局和眼界越小，做出的决定越没有远见。认知水平决定了一个人的格局，而格局决定了人生的走向，有时候甚至决定了人生的结局。

我想起了一个女性朋友，她喜欢逛街淘货，擅长砍价。

记得好久前有一次，我约了地方，请她和几位朋友吃饭。结果，她像往常一样姗姗来迟，比约定的时间晚了半小时左右。

进来时，她手里拎着一个购物袋，连声说："对不起，来晚了！本来不至于迟到的，去买了件衣服，砍了砍价，路上还有点儿堵。"

朋友中，有一个脾气火暴的，直接开怼她："这次来这么晚，你一会儿买单！"

她嘻嘻笑了笑，没接话茬儿。

另一个朋友假装羡慕地问："姐，今天淘到啥好东西了？"

她得意地笑了，掏出刚买的衣服，说："老板要300，猜猜多少钱到手的？"

大家七嘴八舌地瞎猜，有猜200的，有猜150的，有猜100的……

"哈哈哈，75，怎么样？是不是跟白捡的一样？料子还不错。下次你们逛街，记得叫我，免费帮你们砍价……"

那天喝的是啤酒还是红酒，我记不得了，但那天她脸上的神情，我记得很清晰。

今天，听说她依然喜欢海淘，擅长砍价，她的日子一成不变地继续着。推荐给她的书，每次问起，她总是笑笑，说自己没时间读，也没心情读，因为生活艰难，"压力山大"。

节约是美德，这没错。但如果为了省钱，搭上很多时间，就是典型的穷人思维。因为这些时间，如果用来读书、听课、学习、旅游、听演讲或跟牛人聊天，会让生命更有价值。

你的一天怎么过，你的一生就怎么过。

如果你花半小时挑一件便宜衣服，需要再花半小时跟店主砍价，每次为了一件便宜衣服浪费一小时，那你可能就只配穿几十块钱的衣服，一生如此。

二

我读过一些关于财富积累的书，从没见过有一本书告诉读者"靠节约就能致富"。财富积累的最好的方式，不是花时间思考怎么省钱，而是想办法赚更多的钱。

每次表达上述观点时，总有人喷我："别扯了，净说风凉话，谁不想多赚钱，但谁不知道钱难赚？"

可我想说："知道钱难赚，知道自己没本事赚钱，为啥还不肯去学本事？固守贫穷的结果，是继续穷，越来越穷。"

不愿意改变，是不成熟的标志之一。很多人甘心日复一日地忍受穷困和痛苦，也不愿意去面对未知的改变。

我的一个同学辞掉事业单位的工作后去创业，如今事业有成，身家过亿。有一次，跟他一起喝茶闲聊，我问他："你每天起床后做的第一件事是什么？"

他说："伸个懒腰。"

我说："能不能说点儿正经的？"

他瞪了我一眼，说："伸个懒腰，怎么就不正经了？哈哈哈，伸完懒腰，洗脸刷牙，吃早餐。然后，上班的路上，我就开始工作了。但一般还是会花个3—5分钟去思考当天要做哪些事，这样会让自己的时间更有价值。"

我突然意识到：时间本身没有价值，不同的人选择用同样的时间做不同的事，让时间产生了不同的价值。

即便你只是一个普通人，做着普通的工作，过着普通的生活，也可以利用你的业余时间去学习其他技能，创造自己的精神财富和物质财富。

我们公司的一个运营同事小熊姐姐，年轻、漂亮、温柔。她在工作之余，坚持做B站（哔哩哔哩）的up主（视频上传者），她喜欢分享精神世界的收获，最近还小赚了一笔。

小熊姐姐普通本科毕业，但先后跳槽三家公司，而且每跳槽一次，薪资就涨一个台阶。

她把自己找工作的前期准备、简历制作、面试经历、工作性质等内容拍成短视频上传到B站，由于是亲身经历，实战性突出，很快就在B站上积累了一众粉丝。

昨天中午我向她请教时，她神秘又自豪地告诉我："已经有客户找我洽谈相关的商务合作了，虽然一个视频给的费用不多，只有几千元，但有收获的成就感！"

今天，就在我写这篇文字时，看到了小熊姐姐刚更新了一个主题为"如何找男朋友"的视频，有点儿意思吧？

所以，你白天上班的8小时，只决定了你当下的工资；而你下班之后的8小时选择做什么，则决定了你的整体收入和未来价值。

三

很喜欢《断舍离》中的一段话："放手一个无用之物，就腾出一点空间。处理一件多余之物，就减少一份负担。减少一次浪费，就恢复一分精气神。然后，翻开人生新篇章。"

你要爱自己，就应该学会以"断、舍、离"的态度重新审视自己生命中的每一天。

那些你占据的东西，也在占据你。而你的人生时间是有限的，请选择更有价值的事去做。

英国作家奥斯卡·王尔德（Oscar Wilde）说："To love oneself is the beginning of a lifelong romance."（爱自己，是一生浪漫的开始。）

伦敦商学院经济学教授安德鲁·斯科特（Andrew Scott）和管理学教授琳达·格拉顿（Lynda Gratton）在其经典著作《百岁人生》中预言：很多人这辈子很有可能活到将近100岁，甚至超过100岁。

记得读完这本书时，我把自己对生命的预期从40岁调整到了100岁。但匆匆百年，放在人类历史的长河中，其实也很短。

不管你能活多久，你的每一天都是自己生命中最年轻的一天，你没有理由不去爱自己。

过好生命中每个最年轻的一天，是爱自己最好的方式。

接受自己的不完美，但不接受自己的不努力

一

我这个人不完美，而且很俗，走在街上时，看到美女忍不住多看两眼就算了，有时看到特别好看的小哥哥，也会多看两眼。但请不要怀疑我是不是有某方面倾向，这仅仅算我的一个小毛病，又或许我有点儿欣赏的眼光罢了。

我这个人小肚鸡肠，昨天有同学在微博上@我，说我长得像宋小宝，我当时就火了，立即回怼："你长得才像宋小宝，你们全家都像宋小宝！"

发完这条微博，心情舒畅。我完全没有老师该有的样子，看起来不太正经，实际上也不太正经，另类吧！

我这个人口无遮拦，从事教育培训行业。该行业本质上是服务行业，只不过服务的内容有点儿特别——讲授如何应对考试。

讲课时，偶尔会给自己的学生挖坑，等他们跳进坑里后，再撑他们。但话术比较单一，翻来覆去，就那么几句："举起自己的小手，捏

捏自己的大脸，问问自己为什么这么可爱？""请你立即跪在电脑或手机的前面，反思为啥选B？""阅卷老师都哭了。""你想干吗，想笑掉阅卷老师的面膜继承她的花呗吗？"

夏天到了，又到了吃冰棍的时节。有时，我在课前直播吃了两根冰棍（直播前没露脸时还吃了两根，下课后又吃了两根），做了一回"吃播"。

在镜头前吃冰棍，用贱贱的样子，逗逗这帮在家听完学校网课，又来听辅导班网课的人。他们容易吗？真不容易！

结果，冰棍吃多了，上课时，连续打了好几个喷嚏，影响了授课，还被他们耻笑了。当然，我知道他们即便耻笑我，也是爱我的。

我爱吃冰棍这个小毛病，开始于小时候，我妈不给我买，美其名曰"吃冷食伤胃"，实际上是买不起吧？童年里留下了阴影，现在算报复性消费吧。

吃冰棍的美好回忆是在大学时，跟舍友比赛吃冰棍，结果我赢了，一口气吃了十几根。第二天除了肚子疼，其他也没啥事！

从此，我知道我家老太太说得没错，凉东西吃多了会伤胃。以后，还是会控制自己，要少吃，目标：每天只吃两根。

还有很多，都是小毛病，不再一一鞭笞自己了。

其实，自黑挺好玩的。自黑多了，我发现：我的很多学生，也以撑我、黑我为乐趣。而我，选择快乐接受，他们也只是过过嘴瘾，没有真要撑我、黑我的意思。

看到了吗？一个人，是可以假装豁达、开朗和可爱的。

这一段碎碎念就是想告诉大家，你可以接受自己的不完美，但不能接受自己的不努力。

二

很多人问我:"您为什么能如此勤奋?既要授课,又要运营自己的微博和微信公众号,还要写作,请问您如何管理自己的时间?您不想努力时,如何推自己一把?"

我其实也很懒,比如该更新的微博和公众号,有时好几天也不见动静,不得不发时,抢在 24 点前的最后几分钟发出去;答应编辑要写的书稿,好几天也没动笔,编辑一遍遍催我,才有生产力。如果说一定有什么方法能在自己不想努力时逼自己一把的话,那就是营造时间的紧迫感。

假设你考研,还剩 250 天,貌似还早吧?

细算一下,因为每天既要复习英语,还要复习政治、专业课和数学,所以你每天学英语大概只能花 2 小时。250 天,你虽然可以投入 500 小时学习英语,但 500/24 ≈ 21 天。

这么一算,英语的"有效学习时间"只有 21 天。紧迫感,感受到了吗?

我在网上做这个分享时,有人评价说:"这个算法太流氓了。"

我回复说:"没有完美的方法,只有有效的方法,有效就是好方法。如果你用类似的时间计算法,逼自己考上了研究生,或者因为工作成绩突出而涨薪升职,你还得屁颠儿屁颠儿地跑过来感谢我呢。"

你可能有大把大把的时间,但不代表你有同等时长的"有效时间"。

如果你每天在学习上花费 8 小时的有效时间(不玩手机、不被干扰),那么你的学习成果基本能超过 90% 的人,因为很多人只是看起来很努力而已。

真正的努力,意味着你要以自己不舒服的节奏甚至是不喜欢的方式，拼命做自己觉得对的事，过程充满压力与忍耐。

你可以接受自己的不完美，但不能接受自己的不努力。

酷夏来袭，坐在空调屋里喝咖啡，是享受。但为了维持美丽健康，你要逼自己努力去运动！

工作有时乏味无趣，但为了有安稳的生活，你要逼自己一定努力赚钱。因为你只有度过生存期，才有资格谈理想。

你每天放纵自己的嘴，凭什么甩掉身上的肉？你没勇气面对自己的不完美，以及来自别人的善意或直白的批评，又如何从内心深处真正看到自己需要的成长？

你对自己越狠，收获可能就越大。

保持随时离开的能力

一

2020年年初,新冠疫情开始蔓延。这次疫情,影响了很多公司和企业的经营,也改变了很多人的生活和职场境遇。

相信经历过新冠疫情的人都知道,为了防控疫情,很多工厂停工。企业经营遭遇困境时,裁员或降薪,就无法避免。

H同学离职时,轻描淡写地给我发了条微信:"石叔,感谢相遇和帮助,我跳槽了,但依然在教育培训行业,今后做××公司教育产品的内容高级策划,以后我们还会有更多交集。"

我本打算假意挽留一下,但听到她要去更好的公司和更高的平台,而且薪资还涨了40%时,我捏了捏自己的大脸,问自己:有啥好挽留的?

H同学跟我不一样,我看上去吊儿郎当,一副不太正经的样子,但她很职业,能把自己的生活、工作和学习打理得井井有条。

硕士毕业后,H就在教育培训行业深耕,一步步成长为教研和内容产出的高手。

我跟她聊过几次，发现她是一个很优秀、生活很规律的人：每天中午，都会看到她健身归来的身影；晚上，回家陪孩子；朋友圈里，她时常还会晒一下读英文原版杂志、报刊、书籍的读后感。

我认为：一般情况下，自律的人都很优秀。因此，我曾经把当老师的好处吹得天花乱坠，想吸引她转行做老师，直接面对学生，结果呢？

她挺给面子，说慎重考虑一下。10分钟后，她回复了10个字："谢谢您青睐，但尚无兴趣。"

果然是"慎重"考虑，10分钟10个字，把我打发了，哈哈哈！

其实，那一刻，我意识到，她对自己的职业定位很清晰，知道自己想做什么，擅长做什么，能做什么。

后来，她告诉我，在被通知降薪的第一天，她虽然不满但没抱怨，而是立即寻找下家。她说，自己本以为大的经济环境不好，跳槽也会很困难，所以没抱太大希望，但还是决定走出去试试。

结果，因为能力、履历、学历都足够强大，她很顺利跳槽到更高的平台上，薪水涨了40%，当然要做的工作也更富有挑战性。

你们大都是要进入职场的，那就在暴风雨来临之前，磨炼自己的一项本领，即便你找到了一份稳定安逸的工作，也请你持续学习，保持随时离开的能力。

逆风时，总有人会逆风上扬，但也有人摔得一地鸡毛。

二

L同学最近也因为被降薪选择辞职，而且她也找到了新工作，但她并不快乐。她最近的个人状态是这样的一句话："我是一个没有感情的工作机器。"

我问她:"你最近在做什么工作?"

她说:"在一家教育机构做社群运营。"

社群运营工作是互联网公司常用的一种转化手段：将广告投放吸引来的免费用户，在微信群或QQ群中转化成为收费用户。其本质，就是基于网络环境的销售。

我问:"你喜欢现在的工作吗?"

她说:"不喜欢，而且很不喜欢，但又能怎样？除了这个，我也不知道自己能做什么。石麻麻，有建议给我吗?"

我记得之前给过她建议，黔驴技穷的我，又发了一遍。"判断一份工作是否值得做，可以看三个维度，按重要性依次为：看这份工作能否让你学到很多东西，或是否有较大成长空间；自己是否喜欢，感兴趣的事情，做起来更有动力；是否有不错的经济回报。如果三个同时满足，就是理想工作；满足两个，就是好工作；满足一个，还是可以凑合干。如果一个都不满足，继续干下去，就是混日子。混日子的结果，就是废掉自己。"

过了很久，她回了一句:"谢谢您，又给我讲了一遍。我觉得很有道理，只怪我当时没听进去。"

我说:"现在听进去，也不晚哦!"

她回复了一句:"嗯嗯!"还配着几个搞怪的表情。

看到她发的几个表情，我的思绪一下子回到了一年前刚认识她的时候。那时，她去一家互联网教育公司求职，岗位是班级助教，主要负责管理QQ群，同时解答学生关于课程（非知识方面）的疑惑。

她说，工资虽然不高，但工作挑战和难度不大，不算累，因此能在业余时间准备考研，还能接触到一些考研培训的老师，非常有利于考研复习。

当时，她还在一家公立幼儿园当幼教，工作辛苦，收入还不高，唯一优点就是稳定。但她说自己不想一辈子看孩子，忍受不了每天叽叽喳喳的日子。她问我：是否要辞职考研？

我说："很多人犹豫时，其实本质是想，如果不想就不会犹豫。犹豫的原因是不想面对风险、压力和挑战。所以，如果你能承受辞职考研可能的失败，就辞职；如果不能承受，就别辞职。"

她说："好的，那我再想想。"

后来，她边工作边考研，结果没考上。

第二年，她辞职专心备考。我问她："想通了吗？"

她告诉我，其实也没想通，但一个老师告诉她，不辞职根本考不上研究生。她听完这句话，好几个晚上没睡好，最后就辞职了。

我本来想告诉她，这个老师的话有误导性。辞职与否，不是考研上岸的根本原因，你的方法、方向是否正确，是否肯付出足够的努力，才是能否考上的关键。但转念一想，她已经辞职了，说明她至少下了决心。

第二年的她，确实很努力，但还是没考上。这次，她总结失利的原因是目标定得太高了（想考全国文学专业前3名的学校）。

我问她："总分差得多吗？"

她说："不多，只差了10分。"

我说："你要清醒，10分的差距，可能就有很多人了。当然，我依然建议你不要带着10分的遗憾，度过余生。"

第三年，她说没脸再向家里张嘴要钱了，准备找份不累的工作干着,同时准备考研。然后问我:"去一家在线教育培训公司应聘助教岗位,如何?"

我说:"当下,什么对你最重要?"

她说:"考研上岸。"

我问:"这个工作,对你考研有什么帮助?"

她说:"能挣点儿钱,虽然不多。更重要的是能接触到很多考研辅导老师,这样有问题时,就能及时向老师请教。"

我说:"不错。"

后来一段时间,我经常看到她在朋友圈晒照片,逛街购物、看电影、出游、与同事或朋友聚餐,偶尔还骂几句领导,唯独没有看到她晒考研和学习的内容。

于是,我发了一条微信提醒她:"只要有考研的想法,就要立即行动起来,否则生活和工作的烦琐,会磨平你奋斗的决心和意志。"

她立即回了一句:"老师,您的提醒太及时了。这阵子太忙了,还没好好准备考研呢。"

之后,她发了一个朋友圈:再战考研,玩命努力,不负韶华。

朋友圈下面是众多的赞和"加油"类的鼓励。

又过了一个多月,她在朋友圈开始撒狗粮,晒的是跟一个帅哥的亲密照。显然,她恋爱了。

又过了两个多月,她问我:"最近失恋了,考研也学不进去,该怎么调整心态?"

我在公众号和微博上,解答过这类问题很多次。于是,我就把之前的链接发给了她,顺便 diss(指责)了她一句:"不是跟你们讲过吗?准备考研期间,你的颜值、情商和判断力,都处在人生的最低谷,这个时候，随便一个歪瓜裂枣，你可能都觉得不错。所以，准备考研期间，单身人士要慎重恋爱。你怎么就不听呢？"

她说："一时糊涂。母胎单身至今，这次竟然被一个'小奶狗'给看上了，这样的桃花运，千载难逢，就不忍心错过。"

我问："结果呢？"

她说："好看的皮囊千篇一律，有趣的灵魂万里挑一。一开始，觉得他可好了，但相处之后发现他太傻了。我要工作还要考研，根本不可能24小时让他黏着我，我又不是他妈！"

我说："如果这样的话，应该相处一个月时，就知道不合适了吧？"

她说："是呀！一个月时，就发现不合适了。但想想这是初恋，不舍得结束，结果后一个月更煎熬，几乎天天吵，吵完就没心情学习，还得哄他。好不容易下了决心分手，分手后，还学不进去。"

其实，恋爱和考研没有冲突。L同学遭遇的只是在不对的时间，遇到了不对的人。

就这样，L同学第三年考研的前三个月荒废掉了。后来的她，我猜想，应该在努力学习了，可结果依然不如人意——尽管进了复试，但最后总分距离录取线还是差了2分。

L同学毕业至今三年，跌跌撞撞，换过工作，考研失利，谈了恋爱又失恋。她跟我说，感觉自己很失败，没读好书，也没和喜欢的人在一起，还没活成自己想要的样子。

我安慰她说，其实没有人生下来就知道自己到底喜欢做什么。要搞清这一点，最好的办法就是在年轻时多尝试几种工作（实习）。你走过的弯路，没有白走，你踩过的坑都会提醒你不再犯同样的错误——间歇性努力的人，往往持续性一事无成。

如果你和L同学一样，在风暴来临时，发现自己是一叶飘摇的浮萍，就趁现在还年轻，去读书，去磨炼一门技能，去争取改变的机会。唯有如此，你才能在风雨飘摇时，保持随时离开的能力。

其实，很多人只有经历了生活的苦，才知道原来读书是轻松的。生活的苦，是一种消耗；读书的苦，是一种收获。但现实的残忍之处在于，不是所有人都有后悔的机会。

那些你所谓的不公平

生活中,经常会听到一些抱怨,高频句是:"太不公平了!"

"家里两个孩子,听话懂事的那个总比不听话的那个付出的多,得到的少;家里所有好东西都尽着妹妹,都是亲生的,为啥要这样?太不公平了!"

"一个宿舍里,别人都有对象,晚上听着她们煲电话粥,想到自己母胎单身至今,我不配有爱情吗?差点儿自闭了,太不公平了!"

"同样是考四级,别人考的翻译主题是'剪纸',为啥我考的就是'灯笼'?我知道'剪纸'是'paper cutting',但我不会写'灯笼',于是就写了个'something like LED'(像发光二极管一样的东西)。四级挂了,太不公平了!"

"同样是吃肉,别人吃就不长肉,我吃了就长,我连喝口水都长肉,太不公平了!"

"我熬夜学习到头秃,别人考试作弊,抄的分比我高,还拿到了奖学金。我找谁说理去?太不公平了!"

"我全心全意对她，痴心一片，她却背着我跟别人勾勾搭搭，花了我的钱，最后还甩了我。为什么上天对我这么不公平？"

"一同走在去教室的路上，舍友捡到了100块钱，我怎么就没看到？太不公平了！"

一

你看，生活中的"不公平"，五花八门。如果感觉不爽，请换位思考一下：如果占便宜的人是你，你还会抱怨吗？

痛苦来临时，你问："为什么是我？"天上掉馅饼时，你可能就偷着乐了。

一件好事，大家都没有得到，你不觉得不公平；一件坏事，大家都遭遇了，你也不会觉得不公平。

那些你所谓的"不公平"，都源于对比的伤害。而你，如果深陷对"不公平"的怨念中，迟早毁了自己。

首先，一个目标明确、行动力强的人，哪还有闲心去琢磨"不公平"带来的伤害？每个人每天只有24小时，除去吃饭、睡觉、娱乐，你选择一天怎么过，你这一生大概也就这么过了。

其次，抱怨"不公平"的心态，会阻碍你去思考，进而把你带进懒惰的深渊中。即便你遭遇了真正的"不公平"，也不要自怨自艾，因为用怨妇的心态对待自己，不是自我救赎，是自我惩罚。

更有甚者，心态失衡，跑到"白富美"和"高富帅"面前或躲到他们身后恶语相向："你有什么了不起？不就有点儿臭钱吗？不就长得好看点儿吗？"

丑或穷不可怕，可怕的是有人又丑又穷，还只会躺在"上天对我不公平"这个万能借口上得过且过。不肯花费力气去读书学习、保养皮肤、健身减肥、对待生活和工作，结果只能是一辈子持续身体和灵魂的平庸。

人的很多愤怒，本质上都是无能的体现。活得艰难不可怕，可怕的是活得难看。

二

遭遇不公，怎么办？除了自嘲解闷儿，在你有能力改变别人和世界之前，不妨先尝试改变自己。

其实，这个世界上公平的东西，除了时间，还有选择的自由。你选择做一个什么样的人，这件事没有时间限制。只要愿意，什么时候开始都不算晚。你可以选择从现在开始改变，也可以选择一成不变。

我希望，你能见识到令你惊奇的事物，能去体验你未曾体验的情感，能去遇到一些闪闪发光的人。

我希望，你能每天锻炼身体，练出魔鬼身材；每天读书，孕育有趣灵魂。这样的你，即便单身也始终在成长，将来缘分和真爱来临时，你能更自信地站在对方面前去接受或争取自己的爱。

我希望，即使面对不公，你的眼睛也可以泪中含笑，在生活的一地鸡毛中舞出精彩。

这个世界上，有很多不缺钱但还在努力工作的人；有很多身材很棒却还是每天坚持健身的人；有很多长得好看还在努力学习才华横溢的人。停下你对"不公平"的抱怨，立志做一个洁身自好、经济独立、内外兼修的自己。

放纵，正在毁掉一些年轻人

放纵，正在毁掉一些年轻人，毁掉你的身子和脑子。

比如，2020年的新冠肺炎疫情蔓延正好赶上了春节，很多人憋在家里，嗑瓜子太多，导致上火、口腔溃疡了，还是放纵自己继续嗑瓜子。

明明知道吃多了脸大发胖，甚至还会变傻，还是放纵自己继续垂涎美食，继续猛吃！

起床后从不叠被子，头发乱成鸡窝，胡乱洗把脸或干脆不洗脸，假期就这样一天天过去。

懒得要死，卧室没乱到无法下脚，就没有动力去整理。然后被迫在实在看不下去的时候集中行动，直到累得半死。

明明知道刷手机微信、微博、抖音、陌陌、快手时，刺激的只是浅层大脑，但就是停不下来。不刷，心里空虚；刷完，继续空虚。

总嚷嚷着要找个男朋友，却从不主动出击。既不去锻炼身体练就魔鬼身材，也不去读书修炼有趣灵魂。放纵自己的你，有什么资格渴望一个白马王子？这样的你，只配母胎单身。

这样的你，继续放纵着自己，还容不得别人说。父母稍微批评几句，就直接怼回去。脾气比胸大、嗓门比腰粗的你，哪里来的底气？

这些天，你在数日子，苦熬着，身体陷入臃肿、懒散甚至病态，任由青春碌碌无为地虚度；一时兴起，打开书，读了几页后，刷刷朋友圈或看看微博，然后书就被扔到了一边，始乱终弃。

人生多数不如意，都是放纵欲望，对自己不加约束的结果。继续放纵自己在本该奋斗的年龄里选择安逸、颓废和堕落，毁掉的不仅仅是自己的身子，还有脑子。

人生的四大悲剧有很多版本：

1. 穷得没钱做坏事；熟得没法儿做情侣；饿得不知道吃什么；困得就是睡不着。

2. 才华配不上梦想；容貌配不上矫情；收入配不上享受；见识配不上年龄。

3. ……

总之，继续放纵下去，你的人生悲剧会有更丰富的版本。

网上有句很火的话叫"百因必有果"，我想，多半也是有些道理的。如果你常去夜店寻欢，遇到的人十有八九是逢场作戏的，尽管也可能遇到真爱；如果你常因为寂寞而恋爱，对方八成也因为寂寞选择跟你在一起，过阵子又分开；如果你只是想找个人凑合，爱情刚开始就进入了老夫老妻模式，那么你遇到的对方估计也是这样，日子就过成了将就。

其实，我们的人生什么样，并不取决于遇到什么样的人；我们会遇到什么样的人，取决于我们是什么样的人，以及想成为什么样的人。

当然，我写下这些无聊的文字，也没指望着你读完立即变成有为青年。我写下这些文字，首先是为了骂醒自己，其次才是为了提醒正在阅读的你。

真正促使我们改变的，是内心深处对自己、对现状的不安、不甘和不满，当然还有持续的努力，而不是自我放纵。

冬将尽，春可期。你需要行动起来，要么读书，要么健身，要么听课学习，要么跟着爸妈学做饭，反正不是抱着手机守到天荒地老！

可怕的不是你之前的放纵，而是你读完这篇文字，捏了捏自己的大脸，然后继续放纵。

提前充电,早点儿认清自己

一

我有一个哥们儿是某互联网创业公司的合伙人,一大把年纪了,至今单身。父母逼婚,自己也很想找个对象结婚成家。

人长得丑,不是他最大的缺点;更严重的是他总是张嘴闭嘴说别人这个傻,那个low(水平低),嘴臭是更大的问题。

有一天,他说:"能给我介绍个对象吗?"

我说:"你要求什么条件?"

他说:"条件也不算高!女孩儿长得漂亮点儿、身材好点儿、学历高点儿、脾气好点儿、父母有文化点儿、事儿少点儿、对我好点儿,家里最好再有几套房和几辆车……"

我说:"这些条件还不高,还得再加一条,这个女的还得是个瞎子。要不她凭什么看上你?"

虽然我不认可他找对象的标准,但也尊重他的选择。不过如果他没有自我的改变,就这么坚持下去,那就找对象这件事而言,可能是死路一条。

其实，对我们每个人来说，认识自己是走向成熟的必经之路。

想要让事情改变，先改变自己；想要让事情变得更好，先让自己变得更好。

如果一个人不先改变自己的坏习惯，就谈不上去影响和改变别人。

除了 YY（意淫）产生的自我认识偏差，对普通人而言，还有哪些习惯会让我们不能逼自己一把呢？

二

首先可能是自控力差，总觉得还有明天。

对英语学习者而言，四六级不算一个有难度的考试，但很多人却怎么都考不过。他们多次备考的轨迹大概是下面这样的：

开学初，想想还有 3 个月才考四六级，于是告诉自己：玩一个月再说吧！

一个月以后，想想还有 2 个月才考四六级，于是告诉自己：再玩一个月再说吧！

再过一个月以后，想想还有 30 天才考四六级，于是告诉自己：再玩一个星期再说吧！

十几天以后，发现四六级考试时间真的不剩几天了，于是告诉自己：瞎考考算了！

很多时候，你不出色的原因，可能不是你的能力，而是你的态度和魄力；最可悲的不是你不行，而是你本可以，但拖延给你带来的只有年龄的增长，而没有成长。

舞台再大，自己不上台，永远是个观众；平台再好，自己不参与，永远是个局外人。

三

其次是"居安不思危"。顺风顺水的日子里，不能提前筹备"绝境"时的干粮。

一个人的格局，要看逆境时的坚持，更要看顺境时的胸怀和眼光。

网上有个帖子：当你的手机有90%的电量时，你自然不会在乎电量；但当你的手机只有1%的电量时，你当然会在乎那1%的电会不够用。

对此，许多人表示赞同。但我不理解的是，为什么要把自己逼到只剩1%的电量呢？

你为什么不能充满电再出门？你为什么不能随身带个充电宝？买不起充电宝的话，很多地方不是还有移动充电宝吗？

如果你知道给手机充电，那么你为什么不能提前给自己的人生"充电"呢？

我的好朋友，"中年滞销书作家"李尚龙老师，就是一个懂得时刻为自己的人生充电的人。

2011年冬天，我人生第一次遇到尚龙老师时，他还是个落魄的穷小子，那个时候他在北京租了一间隔板房。

白天上课，累了一天，晚上想好好休息时，隔壁租房的小情侣总是传来一些异样的声音，让他无法好好休息。

换作一般人，面临这样的逆境可能就崩溃了。但尚龙没有，他戴上耳机听英语，而且还跟着大声朗读。

听力练完了，他开始对着隔板墙，一遍遍地练习讲课；课练完了，再来一段即兴演讲。

我想那时午夜时分讲课的他，声情并茂的样子一定很可爱。

后来隔壁的情侣不仅没有了声响，而且在一个月后直接搬走了。

尚龙老师后来总是感叹，正是那段自己逼自己的日子，练就了他今天出口成章的本领。

其实，个人成长如此，企业的发展也是如此。

2019年5月17日，微信、微博、抖音、快手等各大自媒体上，"华为备胎"的话题一夜刷屏。

当时的情景是，美国毫不留情地中断了华为全球合作的技术和产业体系，在毫无理由的情况下，华为被列入了美国商务部工业与安全局的"实体名单"。

这个决定是疯狂的。国人都为此揪心，因为华为遭遇的困境可能是前所未有的。

然而，你不得不说，华为实在是太牛了。因为在多年前，还是云淡风轻的时候，华为就做出了极限生存的假设。他们预计有一天，所有美国的先进芯片和技术将不可获得，而华为仍将持续为客户服务。

为了这个看似永远不会发生的假设，数千名华为的科研员工，走上了科技史上最为悲壮的长征，为公司的生存打造"备胎"。

也正因为这个备胎的存在，挽狂澜于既倒，确保了华为大部分产品的战略安全。

四

最后，我想说，"不到没有退路时，你永远不知道自己有多强大"这个逻辑成立的前提是，你前期储备了足够的弹药、足够的本事、足够的能力，这样在面临绝境时，才能激发潜力，才能有"绝处逢生"的惊喜。

不要让每件事都把自己逼到没有退路时，才去找出路。你更要做的是未雨绸缪，这样在没有退路时，才能潇洒地找到出路。

但如果真的有一天你被逼到绝路，没有了退路，也不要怕，抱着"大不了一死"的决心，你一定会找到出路。

过去无法改变，感慨逝去已是徒然，倒不如把握当下。不如就从今天尝试改变，在未来遇到更好的自己。

你不够努力,鸡毛蒜皮的破事都成了烦恼

"老师,我很绝望。一直以来,我都希望自己成为一个有知识、有能力、快乐生活的人,但由于高考没考好,我现在进了一所很垃圾的学校。"

这是一个学生在我微博下的留言,看了看微博昵称,雌雄难辨。

"能具体说一下你的苦恼吗?"我回复了一下。

"高考分数距离自己想去的学校就差了3分,结果掉到了这所垃圾学校。我觉得,这是我悲剧生活的开始,而且你知道吗?我们学校里,好多人都不学习。听说,人家北大图书馆有800万册藏书,而我们学校的图书馆很小,藏书只有五六万册。所以,我们只能无所事事地打打游戏!"

"你去图书馆借过几本书?看完过几本书?"我追问了一下。

过了好一会儿,他回复:"借过,但都没读完。"

说完这句话,他又发过来一串"哭"的表情包。

好奇心驱使我点开了他的微博,全是各种游戏、购物以及各种悯

怅,中间夹杂着转了一些四级必备高频词。

后来我又问:"图书馆虽然书不多,但足够你读了,哪怕你只读200本书,你也会成为一个牛人,为啥不去读呢?"

第二天,他回复了一行字:"我去图书馆学习,还要遭受舍友和同学异样的眼神。"

怎么会这样?学习,还会遭遇白眼?

一

我严重怀疑,这位同学所就读的大学,不是一所真正意义上的大学,甚至可以说是一所"假大学"。这些年,我听到、见到过很多类似的同学。

比如,在一所"假大学"的某个宿舍里,大家都不学习时,宿舍氛围特别好,关系融洽和谐。

突然间,你学习了,舍友或同学之间的关系开始变得微妙。因为很多人不仅自己不学习,还不喜欢别人学习。于是,在你去自习室或图书馆学习完回到宿舍时,就听到一些冷言冷语,甚至是嘲讽。

"哎呀!你学习这么刻苦,真是我们学习的标兵呀……"言语之间,充斥着酸了吧唧的味道。

面对这样的舍友或同学,你选择怎么办?跟他们打一架?还是大嘴巴子直接抽过去呢?

答案是:当然可以,但没有意义。三观不同,何必强求?这就好像你走自己的路,遭遇一条疯狗,对你一阵狂叫,你怎么办?是跟疯狗打起来,惹得一身臊,还是继续走自己的路?

我的好朋友、知名英语老师王琢说,对待这样的非议或嘲讽,你不去碰它，它只是一件事；你去激烈回应一下，它就变成了一个事故。

"中年滞销书作家"李尚龙说，你无法选择自己的舍友，但可以选择自己的朋友，更可以选择想要的生活。

对呀！你有那么多的梦想要去追寻，有那么多有意义的事情要做，何必傻了吧唧地把时间浪费在不相干的人身上呢？

当然，如果你还是咽不下这口气，怎么办？那就接受别人的"嘲讽"：你不是说我努力吗？好，我就是要努力，玩命努力去学习。等你考过了四六级，考上了研究生，到时候把成绩单或录取通知书甩在他脸上，问问他：我就是努力了，怎么着？

当然，当你翻山越岭，历经艰辛到达了成功的彼岸时，你真的还会把自己的成绩单或录取通知书甩在那个当初讽刺你的人的脸上吗？我相信，你不会。因为当你经历了这一切时，你已经站在了更高的地方，回头再看时，你会觉得这一切都变得风轻云淡。

书写你梦想的，永远不是别人的嘴，而是你的选择和行动。

如果今天你所就读的大学并非你一直以来梦想的学校，如果今天你的生活不是自己一直以来想要的生活，如果今天你所处的朋友圈的层次和水平也不是自己所期待的，请你选择努力考研、出国读书或磨炼自己的技能。因为你只有站在更高的平台上，才有改变未来的机会，才会结识更多优秀努力的人，才会遇到更好的自己。

二

名校确实是一个通往美好未来的重要途径，但绝非唯一选择。

我们都羡慕名校、想去读名校，是因为名校良好的学习氛围、大师情怀和学术资源对人成长有较大的催化作用，更因为"名校"这个光环背后所指向的"被认同"、"智慧"和"成就感"等价值。

但身处非名校,并不能成为你懒散的借口。

你也可以选择在一所相对平凡的学校,通过努力获得"被认同"、"智慧"和"成就感",没必要把人生的不得意归咎到你所就读的大学身上。你就读的大学又没有逼着你懒散、堕落,明明是自己的问题,却归咎于环境,这是很幼稚的做法。

无法选择自己所处的环境,就从选择改变自己开始。

我的一个学生,从川北医学院考上了北京清华长庚医院的硕士研究生。那天,他收到了录取通知书来北京见导师后,顺道来看我。一个男人见到另一个男人时,一会儿哭一会儿笑,搞得我哭笑不得。

我问他:"你的同学和老师,一定都为你感到骄傲吧?"

他说:"应该不会,因为他们都不知道我考的是清华大学的长庚医院。"

我吃惊地问:"为什么呢?"

小伙子笑了笑,继续说道:"考研考哪所学校,是我自己的事,我觉得没必要跟别人说,我连爸妈都没说。而且,我觉得自己不一定能考上,所以就干脆不说。"

我又接着问:"难道没有人问吗?"

你要知道,生活中总有一些"咸吃萝卜淡操心"的人,会抱着打破砂锅问到底的态度追问你不想说的事。好像你不说,就是不真诚,就是不把人家当朋友一样。

小伙子又笑了笑,说:"确实有人问。别人问的时候,我就只说了要考北边的学校。后来的我,既要实习又要考研,累个半死,连上厕所都得跑着去,哪还有时间跟别人闲聊?"

有些所谓的烦恼,都是闲出来的。

如果你有目标,你选择努力,每天累到挨枕头就睡,哪还有跟别人闲言碎语的时间?

当你不够努力时,鸡毛蒜皮的破事都成了烦恼。这跟你是否身处名校,没有半点儿关系。

有效的努力，不是傻傻的坚持

今天，在朋友圈看到了一句"鸡汤"式的励志语录："再牛×的梦想，都抵不过傻×似的坚持。只要你想成功，全世界都会给你让路。"

看到这句话，我陷入了沉思："生活中，总有人傻傻地喝着'鸡汤'，喝着喝着，就死了，把自己毒死了。"

所有听上去有道理的"鸡汤"，都需要正确的理解。

一

再牛×的梦想，都抵不过傻×似的坚持。

首先，实现梦想，没有坚持是不行的。没有坚持，就会半途而废，但只是傻傻地坚持，又是不够的。

我更愿意相信：任何成功者的坚持，都是在动态调整中的坚持。

你可能听过这样的一些小例子：

莫扎特 6 岁时第一次写协奏曲，在此之前，他的父亲已经指导他练习了超过 6500 小时。

丁俊晖从 8 岁开始练习台球，初一辍学后，每天平均练习 10 小时。18 岁那年成为英国锦标赛冠军时，已经练习了超过 1.75 万小时。

我们感叹莫扎特和丁俊晖身上这种勤奋、持之以恒的优秀品质，但我相信，助力他们成功的一定不只是他们的勤奋和坚持。

如果仅仅是日复一日简单重复，不仅没有进步，反而是对能力的摧残。而且简单的重复只会令人心生倦怠。

没有进步的坚持，令人沮丧，看不到成功的希望。

英文中有句谚语，叫 "practice makes perfect"，也就是我们熟知的"熟能生巧"。这句谚语描述的就是一个动态的过程。

我相信，无论是莫扎特还是丁俊晖，他们一开始的 practice（练习）可能都是不完美的，也正是带着这样的不完美，他们坚持训练去寻找达到完美的方法。

因此，聪明者的训练，一定是不断发现问题、解决问题的过程。

其实，不只聪明人的训练是这样的，像我这样的笨蛋何尝不是如此？经常第一天写下的文字，自我感觉还行，但第二天再读时，立即发现很多不通之处，甚至怀疑："这是我写的吗？"然后，默默地捏了捏自己的大脸，继续修改直到自己满意为止。

再比如，亲爱的你，如果此刻正经历着"单词背了忘、忘了背，背完又继续忘"的尴尬，你需要的不仅仅是坚持，更需要通过听课或向身边的牛人取经。因为改进方法之后的坚持，更有意义。

我想，"再牛 × 的梦想，都抵不过傻 × 似的坚持"这句话真正想要表达的是：在我们遭遇挫折和困境时，首先不要轻言放弃，但这还远远不够，你更需要的是在坚持梦想的同时，不断提升自己，扫除一个个障碍，一步步接近目标。

二

有人可能又要问:如果我坚持了,最终却没有收获自己期待中的成功,怎么办?

那也请你选择坚持和努力,因为在坚持和努力中,你可能收获意外的惊喜,甚至更大的成功。

不妨看看下面这个小故事吧。

有这么一个人,我们暂时称呼他为小洪吧。小洪出生在中国江苏江阴农村,他最擅长的是插秧,但他的梦想是考上大学,改变"面朝黄土背朝天"的命运。

不幸的是,小洪第一年落榜了。

他没有放弃,但更不幸的是,他第二年又落榜了。

小洪的家人和亲戚都劝他:认命吧!但小洪咬牙坚持复习,第三年终于实现了梦想,考进了一所国内的名牌大学。

你看,小洪通过坚持和努力,迎来了改变人生的拐点。

但在大学期间,小洪并不算成功,最起码在学习成绩方面。虽然他玩命努力学习,奈何那些比他优秀的同学比他更努力。他一直在追赶,却始终无法跟那些天赋异禀的同班同学相媲美。

毕业后,小洪留校任教了,倒不是因为他业务能力很强,而是恰好赶上了学校本科扩招,大学英语师资严重不足,他才有机会留下来。

你看,小洪的努力和坚持,虽然没有让他像其他人一样成功,但让他收获了意外的惊喜。

几年后,同时期跟小洪一起留校的昔日同学,一个个出国留学走了。后知后觉的小洪心中燃起了新的梦想:出国留学,定居海外。

想申请国外的学校，就得有GRE（美国研究生入学考试）成绩，但GRE的报名费很贵，而且出国读书的花销是个天文数字，怎么办？为了攒钱，小洪开始给培训机构讲课。

结果，天有不测风云，小洪受到了任教大学的处分。因为他在外面讲课，影响了大学办的培训班的招生。

受了处分，在校园里被大喇叭广播点名批评，很惨吧！但这一切没有浇灭小洪的梦想。他辞职后，光明正大地开始自己招生办班，准备攒够了钱申请出国留学。

钱攒够了，小洪高高兴兴去申请出国留学，却因为不可抗拒的原因被拒签了。小洪最初的梦想破灭了，但他发现了比出国留学更赚钱、更有意义的事情。培训，不仅能赚钱，还能影响和改变更多人，助力他人实现更大的人生价值。

后来，他成立了公司，再后来公司上市了，他成了富豪、教育界名人、企业家……

你看，小洪的坚持和努力，尽管最终未能帮他实现出国留学的梦想，但帮他收获了更大的成功。

这是一个真实的故事，发生在30多年前，正在读这篇文字的你，那时可能尚未出生，但小洪却是一个你可能听说过的人，他叫俞敏洪，我的前老板。

三

今天的我写下这些文字，分享给你我对于这句"鸡汤"式语录的理解，是想告诉你：不要看到"鸡汤"就喝，有些"鸡汤"不仅没有营养，还有毒。很多时候，真相并不像"鸡汤"那么简单。

学会辩证地看待事物,学会理性怀疑,会让你更好地成长。

当然我也承认,我写下的这篇文字,可能是一碗更毒的"鸡汤"。

不管怎样,都希望读到这篇文字的你,能保持头脑清醒,而不是盲目地努力。

Chapter 01　你的一天怎么过，一生就怎么过

在崩溃的边缘，保持微笑

我的学生，一个让人引以为豪的山西姑娘，从一个三本院校，跨省、跨专业考上了北京一所重点高校会计专业的硕士研究生。

作为考研逆袭上岸的榜样，她被老师邀请，给同校同专业的学弟学妹们做经验分享，而且还上了毕业生的光荣榜。

她的爸妈也扬眉吐气，在各种聚会中，接受亲戚们羡慕的注目礼。

一时风光无限的她，最近却过得很不爽，因为她发现：读研的日子太辛苦了。

作为跨专业考研上岸的人，她跟其他同学在专业知识储备上差距不小，新开的专业课得使出吃奶的劲儿才能勉强跟上。而且，还要面临注册会计师考试的压力。

那天，她找我聊天，谈及这些烦恼。我看着她硕大的黑眼圈和爆痘的额头，哈哈大笑。

她说："彦祖老师（学生们调侃我的长相），你能不能正经点儿？你看看你一点儿老师的样子都没有。"

我说:"你先走吧,我手头有点儿工作要处理,等我忙完,专门写篇文章为你答疑解惑。"

读高中时,很多家长和老师都骗我们:"考上大学就轻松了,课业没那么重,还能搞对象……"

结果呢?对象不一定见得到,放纵自己,倒是真做到了。一时放纵一时爽,一直放纵一直爽。但经历了大一、大二的懒散、挂科和迷茫后,很多人觉醒了:"出来混,迟早要还的。"

有人决定考研,结果老师又出来骗学生:"考上研就轻松了,考上研能谈高质量的对象,包分配。"

结果呢?考上了研,发现读研比考研更累;对象?更是连个影子都没见着。

终于,你认清了现实的残酷,但也请你在崩溃的边缘继续保持微笑吧。

考上名校研究生,不会因为你考上了,就自然而然地获得了与名校研究生相匹配的能力。

考研,你从千军万马中杀出,考上研,跟你过招的全是高手,哪个不是身经百战?你要站稳脚跟,怎么可能不累?

跨专业读名校研究生,更累,你用一年或更短时间学了别人四年的知识。专业知识基础薄弱,是考之前就应该意识到的。

但还是那句话:决定你人生高度的一定不是起点,而是你努力之后可以达到的终点。

今天再补一句话:决定你人生高度的不只是你的终点,还有拐点。此刻的你,在人生的拐点处,你的选择决定你的未来。选择努力拼下去,杀出重围,就是选择迎接更好的自己。

怎么办？没人逼你考研，也没人逼你继续读研。如果实在撑不下去了，可以选择退学。

退学后去工作，工作就一定轻松吗？还有人说恨自己当初选了这个专业，简直是"天坑"，但读其他专业研究生就一定轻松吗？谁不需要看厚厚的文献（可能还是英文原版）？谁不需要去面对写论文的焦虑？谁不是在崩溃的边缘保持着微笑，甚至一边哭一边笑着鼓励自己咬牙坚持下去？

战胜焦虑最有效的方法就是立即去做让你焦虑的事情。而且，你不能等待，等待别人给自己幸福的人，往往过得都不怎么幸福。

"不务正业"与"不务专业"

我是一个老师,解答最多的问题是关于学习方面的。

但是,我偶尔也会被学生问到其他问题,比如职场、亲情、爱情、友情。因此,有时我也在微博或微信上写一些学习之外的文章,来答疑解惑。

总之,学生问的问题,能解答的我尽量解答,并且会把这些东西整理下来,分享给更多人。有时,还动笔写身边人(包括我自己)的爱情故事。

于是,很多人在评论和后台里 diss 我,让我专职做"情感博主",帮他们斩断情丝。当然,这其中多数人是善意调侃,但也有站在道德制高点上的恶语相向和人身攻击。

每每看到这些攻击时,我总会默默举起自己的小手,捏捏自己的大脸,问自己:我这样做,好不好?

古罗马哲学家爱比克泰德(Epictetus)说过一句话:"我们登上并非我们选择的舞台,演出并非我们选择的剧本。"

读到这句话时，我想通了：我给别人解答问题，并不是我主动要解答，而是有人问我；别人问什么，我就解答什么。

而且，我顶多算"不务专业"，绝不是"不务正业"。总不能因为我学英语专业，就只能从事英语相关的工作，不能干别的吧？

更关键的是，我凭什么要在意这些批评的声音呢？有人愿意问，我愿意答；我答，人家愿意听，跟其他人有啥关系？

何况，为了解答这些问题，我茶不思饭不想，阅读了大量参考文献，头发都白了好几根。

成长，是一个不断发现自我、创造新我的过程。

我的偶像之一，本科读的是土木工程专业，对于本科专业谈不上喜欢，也谈不上讨厌。毕业时，他申请出国留学要考 GRE，于是就背井离乡来到北京上辅导班听课学习。结果呢？这哥们儿学着学着，竟然发现自己对英语和英语培训的兴趣日益高涨。

兴趣产生快乐，努力产生能力。有人做着自己不喜欢的事，每天身心俱疲；而有的人则在自己热爱的领域里努力玩耍。

后来的他，放弃了出国留学，成为那个年代非常知名的一位英语词汇培训讲师，当年的我也是听着他的词汇课程长大的。

随着接触的学生越来越多，他发现很多同学的问题除了英语学习方面，还涉及心理咨询和职业生涯规划领域，这显然是土木工程和英语知识无法帮他应对的。

于是，他又在教学之余，大量阅读心理学方面的图书，还顺手读了心理学的研究生。同时，他开始学习积累职业生涯规划方面的知识和案例，开办了中国第一家关于职业生涯规划的公司，还写了《拆掉思维里的墙》和《你的生命有什么可能》两本关于职业生涯规划的经典著作，一直畅销至今。

这哥们儿"不务专业"，但干的全都是为人民服务的好事，更是发现自我、创造新我的好事。

他的名字叫古典，不是艺名，也不是网名，是真名，姓古名典。他所做的事情就是跨界，他就是我们所谓的"斜杠青年"。

我身边还有很多类似的例子。

我的好朋友、"中年滞销书作家"李尚龙读的是军校和坦克相关的信息工程专业，他却"不务专业"，成了出色的英语老师、作家和导演。

我的一个学生，本科是焊接专业，但他"不务专业"，对主持感兴趣。大学期间，他不仅是学校大学生艺术团的主持人，还在假期兼职做婚庆主持。现在，他是中国传媒大学播音主持专业的研究生，完成了从"非科班出身"到"专业"的华丽转身。

所以，"不务专业"，不仅没有错，而且还值得鼓励。如果亲爱的你，在掌握专业技能之余，还能通过"不务专业"来磨炼自己另外一项技能，你就为自己未来的职场生涯创造了另一种可能。

说不定未来的某一天，我从事英语教学的同时，也成为一个职场教练、情感专家、作家，甚至作为一个吃货，我开一家小馆子，专门做自己喜欢的菜免费给有缘的人吃。

人活在这个世界上，重要的不是你学什么专业、从事什么职业、开创什么事业，重要的是你是否在做一件内心渴望的益事。

如果这件事没有危害到社会和他人，就是无可厚非的；如果这件事还能为社会和他人多少带来一些好处，那就放手去做，何必在意别人怎么评价呢？夏虫不可语冰，和那些与你认知层次不同的人辩论，那纯粹是在浪费时间。

当然，有些时候，批评的噪声不可避免。那些站在道德制高点上指责别人的人，暴露的是自己的无知无趣，与其跟他们争论，倒不如"夹起尾巴做人，埋下头去读书"。

"夹起尾巴"，不争，反而能争取到更多安静的时间；"埋下头去读书"，读各种你感兴趣的、"不务专业"的书，打开专业之外的新世界的大门。

所以，在你搞好专业之余，"不务专业"的事，一定要多干。

不要让所谓的"专业"限制了你生命的更多可能。

所有的成长，都来自舒适区之外

一

我的一个朋友，在一家线下教育公司当培训老师。

当年我们是在一次培训会议上认识的，我和他坐同桌。同为新老师，我听完他讲的课情不自禁地赞叹："讲得真棒！"

那次培训结束时，他在新教师授课擂台赛上激情飞扬的讲解不时赢得阵阵欢呼，最后他拔得头筹，成为冠军。

至今，我依然清晰记得他站在领奖台上接受台下观众欢呼和掌声时的自信和自豪。

那时的他，风光无限，令人羡慕。

几年过去了，我和他不在同一座城市，许久没见，对他的情况也就知之甚少。

机缘巧合之下，我们在一次酒局上又相遇了。一堆人推杯换盏，言谈欢笑之间，我发现只有他闷闷不乐，不时感叹自己的境遇。

那天酒局的后半场，他一杯接着一杯地跟每个人喝，最后终于喝高了。

从他清醒时只言片语的描述和醉酒后的胡乱倾诉中，我看到了一个青年身上的"中年危机"。

很多培训机构的薪酬，是以课时来计，再加上学生打分的奖金，也就是说，月薪＝课时费 × 当月课时＋奖金。待遇好点儿的机构，还有部分底薪。每月扣除五险一金后，就是他拿到手的可支配薪资。

客观讲，这个模式虽然不是最优，但也没有太大问题，既能鼓励老师讲好课（发奖金），也能激励老师多上课来增加课时。

你或许要问：这不是挺好的吗？他讲好课、多讲课、多挣钱，还有什么发愁的呢？

如果你以为"只要勤奋工作就能多挣钱""只要能挣钱，别的都不重要"的话，你距离完蛋就只是时间问题了。因为时代在变，而你若不肯改变，就只能坐等被超越、被淘汰了。

起初的他，为了多挣钱，请求教务把自己的时间排满，到了周末和寒暑假，基本上是每天 8—10 小时。

即便你没有讲过课，应该也听过课，可以想象一下每天讲完 8 小时高强度的课程后，会不会累，还能有多少提升自己的精力。

就像一个段子所描述的一样：有些培训机构把女老师当男的使，把男老师当牲口使。

几年下来，他长期处于亚健康的生活状态，身体越来越虚；因为经常不能按时吃饭和吃饭时狼吞虎咽，他还得了胃病。

钱是挣了点儿，但也都是血汗钱。当然，也没少给医院做贡献。

更严重的是，每天讲完课，他回家就不再有说话的欲望，因为白天已经讲了太多太多话。慢慢地，他和同居的女朋友之间就仅限于只言片语的交流，还有偶尔低质量的身体接触。

他那天喝酒时眼泪汪汪地说，自己的女朋友也是个懂事、心疼他的女孩儿，虽然偶尔大手大脚花钱，但也经常会心疼他挣钱不易。

情侣间，没有深层次的灵魂交流，也缺少高质量的身体交流，两个人的短暂相处就慢慢变成了四顾无言的沉默，这是个危险的信号。久而久之，隔阂产生了，他们之间开始频繁吵架。

有一次，跟女朋友吵完架，第二天他拖着疲倦的身体和心灵去上课。跟女朋友吵架的火气还没消，结果上课时，不仅课没讲好，还一时情绪失控，辱骂了一个不好好听课的学生。

虽然事后，他向那位学生道了歉，但人家就是不依不饶，一直投诉，不仅要求换老师，还索要精神赔偿。

机构为了声誉，息事宁人，罚了他所教的这个班的全部课酬。虽然罚金不多，也就几万块钱，但这件事对他打击很大，他说那段时间感觉特别丢人，见到同事都躲着走。

再后来，他跟同居的女友也在痛苦无奈中选择了分手。

喝完酒几天后，他给我发来了微信，说自己想离开现在的机构，换个环境重新开始，听说线上教育是未来发展的大趋势，想到我工作的公司应聘。

我又想起了几年前他在新教师培训擂台赛上的风采，觉得几年过去了，他一定更厉害了。于是，就请他提供简历给我，然后我转给人力同事安排试讲。

试讲进行到一半时，我就震惊了，他讲的内容听上去是如此熟悉，甚至让我恍惚回到了几年前初次见面的时候。内容还是当年的内容，段子还是当年的段子，甚至连语调语气也未曾有太多的改变，只是他已经不是当年的他，当年的意气风发也早就没有了。

当年让我觉得精彩绝伦的内容，如今听起来却没有了当年的感动。

那天的面试中，一个同事问他："平时读什么书？一年读几本书？"他支支吾吾，顾左右而言他，很明显是在搪塞糊弄。

又一同事请他谈谈对在线教育的理解。他说抱歉，因为忙于授课没有时间深入了解这个新的领域，但表示自己善于学习，相信能很快适应。

最终的结果，你懂的。

虽然是熟人，但出于对职业的敬畏，我还是无法接纳一个原地踏步的同事。

后来他发微信问我："我在哪方面不足导致应聘失利？"

我回复说："或许，这几年您的进步很大，但令人遗憾的是当天的试讲中并未展现出来；另外，您也未能在回答其他提问中，展现出自己持续的学习能力以及对新兴行业的独特见解，尽管您已经在这个行业耕耘多年。"

自此之后，我们也没怎么再联系。

偶尔翻到他的朋友圈，看到的又是他到各个地方上课的忙碌身影。

二

今天的这篇文字写给他，也写给每一位职场人士。

如果一份工作让你收获财富，当然很好。但如果为了赚更多钱，不得不搭上所有时间，赔上健康、爱情和思考的自由，就请你一定要警醒，因为你占据的东西也在占据你。

有些人，曾经确实很优秀，但如果不去拥抱时代的变化，只靠吃老本，被别人甩开甚至淘汰也只是时间问题。

我至今都相信，我的这位朋友不是不聪明，他一定也想过要去改变，只是人的天性会让我们在无意识中选择待在自己的舒适区；但我们应该知道，所有成长的可能都来自舒适区之外。

在你的能力和理想匹配之前，一切舒适区都是绊脚石。

对待一份职业，我们当然要心存敬畏，但如果你在刚入职一家公司时，就希望这家公司直接和你签一份终生合同，或者在进入某个行业时就立志一生都要做这个，那么你成长的路就越走越窄。如果将来这个行业消失，你的人生也就走进了死胡同。

深耕某个行业，但不深囿其中，继续尝试学习其他领域的知识，保持时刻离开的能力。

即便你说某些行业永远不会消失，比如医生、教师，你在深耕这个行业的同时，也不要忘记去尝试其他领域的可能，涉猎其他领域的知识或许会为你打开新的大门。

我的一位兄长是外科医生，他本硕博都是北京大学医学部毕业的，还是哈佛大学医学院的博士后，但我们聚会聊天时，他最喜欢从心理学的角度分析病人的心态，并和大家分享他与病人沟通时的趣事；心理学知识助力他成了更好的医生。

即便是教师这个行业，也不再只是教授知识那么简单，优秀的教师需要涉猎沟通、管理、演讲、心理学甚至表演学方面的知识，为方寸讲台增添精彩；当然，也有老师转型成为作家的。很多企业家，比如"马云爸爸"，最初的职业也是教师。

在未来的中国，移动互联网带来的全球化浪潮会彻底地改变很多行业；中国人口红利的消失，从"中国制造"变为"中国创造"，也就是从"made in China"变成"made for China"。

改变越来越快，成功和失败都会来得更快。你不懂得终身学习、不愿尝试跨界学习，如何去面对未来纷繁多变的世界呢？

有智慧的人，懂得在确定的生活、工作中调配出适当的"不确定性"，这样的人既可以选择享受安居乐业的稳定，也可以选择仗剑走天涯的潇洒。

你很年轻，心却早早老了

这次的话题展开前，先给大家分享一下我与一位"高龄"单身女士之间关于"焦虑"的讨论，来自微博。

她说："老师，我由于上学晚，还有第一次高考后复读了一年，导致23岁时才读大三。"

我说："读大学晚，不是问题，问题在于你的大学读得怎么样，学到了多少知识，有没有磨炼自己的职场技能，有没有拓展高质量的社交圈子。"

她说："我资质平平，好多想做的事，都没做好。本来没想过考研，但机缘巧合，听了某'纯洁彦祖'老师的课，便立志考研并且动力满满。"

我说："这不是挺好的吗？你终于有目标了。"

她接着说："但一想到自己考研时都已经24岁高龄了，研究生毕业就27岁了；总担心自己在27岁高龄毕业时，没有竞争力，还有点儿担心自己会嫁不出去。"

我问:"你如果不读研,27岁时,就一定有竞争力吗?如果不读研,27岁时,就一定能嫁得如意郎君吗?"

她回复:"哈哈,老师,你真是一针见血。谢谢老师开导,我决定专心考研。"

对话到这里戛然而止,我也无法追踪她的生活轨迹。但我想说:年龄,永远不是你最大的焦虑,更不是你选择不努力的理由。

你是否要努力,不如多思考三个问题:

今天,你所就读的大学或所接受的教育,是自己一直以来理想的吗?

今天,你能得到的生活,是自己一直以来想要的吗?

今天,你所处的朋友圈的层次和水平,是自己一直以来向往的高度吗?

如果三个问题中,你有一个、两个或三个是"NO"(否),说明你的才华配不上自己的野心。

你唯一的选择只有玩命努力,而这跟你的年龄没有半点儿关系。

一

不要让年龄限制了你前进的脚步,"年龄大"不能成为你放弃自由、追逐梦想的理由。

作为一个女孩子,担心自己的年龄太大,因而没有竞争力,有错吗?没错。毕竟"年轻真好",要不然,某老师30多岁的人了,怎么还天天假装自己是2000年出生的宝宝呢?

但年龄不是你最大的隐忧,你是否优秀、是否努力、是否有学识涵养、是否浑身都散发着青春活力,这才是你更应该关注的。

很多女孩儿,因为被父母催,或自己都在担心将来是不是嫁得出去，于是开始犹豫要不要考研，有必要吗？

我想说，如果长得不够好看，建议玩命努力，争取考上研究生。这样的话，可以利用跟下届师弟/师妹分享考研经验的机会，"勾搭"一个"小奶狗"，留着自己用。

如果你已经长得很好看（最起码自己不担心颜值），不愁嫁，努力读个研究生，应该也没坏处。

很多人不缺钱，但依然努力工作；很多人身材特别棒，但依然坚持锻炼；很多人漂亮帅气，但依然努力学习、内外兼修……你有什么理由不努力？

二

24岁了，还在考研，算大龄吗？

这些年，考研的群体中有40%是往届生，其中不乏工作好几年，想重新回到校园的人，他们可能25、26、27、28、29岁，甚至30岁了还在为梦想拼搏。

你说自己24岁，就算年龄偏大。你跟这些叔叔阿姨比起来，还是个黄毛丫头。

前年我教过的学生中，有一个学艺术的妈妈在哺乳期尚未结束时，就咬牙给孩子断奶，然后玩命坚持听课学习，并且考进了北京大学。

去年我教过的学生中，有一个在职的已婚男士，他白天工作，晚上还要先把媳妇哄睡再爬起来听课学习，最终也考上了研究生。

更早之前，还有一个40多岁来自广西桂林的叔叔，在20多年没学英语的情况下，坚持听课，最终英语考了50多分，也考上了研究生。

前些天，我得知，我的考研学生中，还有一对父子，爸爸和儿子同时考研，一起听课。你以为跟你竞争的只有同龄人吗？

三

有同学说："我还是担心，研究生毕业时，会不会因为 27 岁或更大的年龄找不到工作啊？"

这种担心，就正如一个单身狗，担心自己将来有了男朋友，他会对自己不好。有用吗？

你担心研究生毕业找不到好工作，前提是你得先考上；你要是担心男朋友对你不好，你得先有个男朋友！

何况，决定你将来能否找到理想工作的，一定不是你的年龄，而是你的能力。

当你越来越有魅力时，自然有人关注你；当你越来越能干时，自然有人欣赏你；当你足够厉害时，不是你找工作，而是你选工作，甚至工作找你。

当你还在想这些可有可无的破事时，其他人可能已经背了 50 个单词、读了半本书、学到了一个技能；你和别人的差距，不是年龄，而是行动，你说你慌不慌？

我曾经写过一句话：当你不够努力时，鸡毛蒜皮的破事都成了烦恼。

今天，我想说：人生的路，如果看不清未来，就要选择走好当下的每一步。

我跟你一样，有时会迷茫，但我经常告诉自己去做事，做事是治愈迷茫的良药，我可以在做事中思考，在做事中进步。

无论你身处什么年龄段，有事做，努力把该做的事做好，你我的烦恼会少很多。做好了该做的，才有资格做想做的。

Chapter 02

他们都活成了
　　　自己喜欢的样子

宜坚持，忌放弃

永远不要停下前进的脚步

努力了，就是要得到结果

20多岁的你，人生的真实写照可能是没钱、没资源、没人脉。

一个"三无"人员，靠什么成功？靠爹妈？靠美貌？靠吹牛皮？还是靠捏自己的大脸蛋子？

一

我的一个同学，专科起点，在村里当过两年小学老师，去年博士毕业，现在在北京某高校当老师。也许这份工作，在别人看来不是很厉害，但她说这是自己向往的。

聊起这段经历时，我问："最开始，想到过有今天的生活吗？"

她说："起初，我是立志扎根农村，为祖国基础教育奉献一生的。"

我又问她："为什么要走出来呢？"

她说："窝在小地方的日子，就像憋在一口井里，平淡得可怕！太可怕了！"

她还说："夜深人静时，我无数次问自己：'这是你想要的生活吗？'一眼就能看到未来的人生轨迹——结婚、生子、评职称、退休、带孙子……"

这样的日子可能有人喜欢，但不是她想要的，20多岁就活成了60岁的样子。

后来的她，选择了在职考研。结果呢？估计你也想到了，壮烈而忧伤。

第二年，倔强的她不顾父母和七大姑八大姨的疯狂拦阻，执意选择辞职去考研。更要命的是，未婚夫全家也加入劝阻大军，他们甚至威胁她说："要是没有了教师这份工作，婚事也就黄了！"

我说："你可真够倔的，连爱情都不要了。"

她说："爱情？呸！敢情他跟我结婚，就是因为我是个老师，有份稳定的工作呀？！这样的爱情，不要也罢！即便考不上，我也不想继续窝在村里了！"

然而，二战考研的结果依然是壮烈而忧伤。在别人看来，她简直是鸡飞蛋打：不仅工作没了，婚事也黄了；没钱、没资源、没人脉，还孤苦伶仃。

二

你要知道，在这个残酷的世界里，很多人处于低谷时，都会遭受别人的白眼和冷嘲热讽，甚至还有欺侮。

你更要知道，当一个人长期处于低迷状态时，很容易迷失自我。没有目标，没有动力，感觉做什么都提不起劲儿。

如果日子就这么过下去，一个人也就废掉了！

那段时间，有所谓的"好心人"劝她："放弃吧，你没那个命！"

我觉得这是世界上最恶毒、最无知的劝慰。

还有人对她说:"女孩子岁数大了,找工作、嫁人、生孩子都是问题。"

还有人安慰她说:"努力了,就不用在乎结果,重在参与。"

而她说:"老娘努力了,凭什么让我重在参与?我要的是结果!"

我问:"那你是怎样熬过那段日子的?"

她说:"那段时间是真不容易。没脸也没底气回家,更不好意思张嘴向父母要钱了,何况他们本身也没钱。好歹为了考研复习了两年,脑子里多少储备了一些知识,我就一边在辅导机构做老师,一边玩命继续考研。"

后来的她,三战考研,终于上岸。读研期间,谈了新的对象。

再后来的她,二战考博成功。读博期间,还意外怀孕,就顺便生了个宝宝。

三

昨天,我告诉她,我要把她的故事写下来,分享给我的学生和读者。

她说:"还是算了,这样的经历不值得分享,毕竟比我优秀和厉害的人太多了。"

我说:"不分享也可以,但如果让你总结一下这一路走来自己最大的感受,你会说什么?"

她想了很久,回了一句,说:"在等待和煎熬的日子里,我越发知道自己到底想要什么了。"

我想,这些道理,或许只有经历过,才会感同身受。所以,写"鸡汤"的人往往是"鸡汤"最大的受益者;读"鸡汤"的人,感受到的只是"鸡汤"的味道,而不是营养。

当然，我冒着被她手撕的风险写下她的故事，不是为了证明考研是所有人唯一的上升通道。

决定一个人人生高度的一定不是起点，而是努力之后可以达到的终点，而关键时刻的选择，形成了你人生的拐点。

我的身边，有本科肄业，但依靠自己的天赋和刻苦成长为励志作家的兄弟；也有自考本科，依靠自己的持续努力，成长为知名会计师事务所合伙人的兄长；还有更多更多……他们数年如一日，朝着一个目标，默默耕耘，不问收获。但最终他们的收获，比我们更多。相比那些付出了一点儿就要问收获的人来说，他们更值得我们敬佩。

那这篇文章我到底想说什么？

其实，我只希望这篇文章能带给你一些力量。

"5·21",那个送花给我的男生

2015年,在新东方兼职的我和几位全职的同事从老东家辞职,开始考虫网的创业。

伴随智能手机的普及,移动互联网的到来彻底打破了时空的限制。投身在线教育的我们,用199元的系统班学习方案,以超高的性价比,让很多来自中国二、三线城市的四、五线大学的学生享受到了更优质、公平的教育资源。

随着学生群体规模越来越大,我也得以接触了更多学校和更多学生。他们之中,有很多同学是三本、自考或专升本的学生。因为是网络授课,所以见面的机会其实很少,但也不是没有。

2018年5月21日,我去考虫虫洞上班,走到大厅,看到一个同学手捧着一束鲜花,冲我微笑。我看了一眼,是个男生,然后他抱着鲜花径直向我走来。那一刻,我静止了,因为我在想:"难道我曾经表现出那方面倾向了?"

想了一下,我镇定地告诉自己:"应该没有。"

大厅里，一群人看着我们两个大男人。只见那位男同学把鲜花放在我手里，然后从兜里掏出手机，他说："石麻麻，谢谢您！我刚刚收到了录取通知书，和您分享一下。"

我说："鲜花呢？给我的？"

他说："不是，鲜花是给我女朋友的。她也考上了，一会儿过来，我要在您的见证下，把玫瑰花送给她。"

你看，多么有缘、多么可爱的哥们儿呀！带着女朋友和鲜花来看我。我分享他的故事，更因为我看到了他身上的改变。

他是河南洛阳师范学院专升本的一个艺术生，当年高考150分的英语，他只考了19分。你知道19分什么概念吗？就是蒙，也不至于蒙19分呀！

但是他说，他当年很认真地答了一遍，然后考了19分。在专升本时，他在朋友的推荐下开始听我们的课程，最终专升本上岸。同时经过三次鏖战，通过了四级。然后，才动了考研的念头。

之后，他开始听考研英语的课程。听第一节课的时候，两个小时的课他用了6天的时间才完全消化吸收。尽管很难，但他没有放弃，就这样一节课一节课硬着头皮啃了下来，最终英语考了58分（分数不高，但对起点低的同学来说算不错了）。

英文中有个谚语："I am a slow walker, but I never walk backwards."（我走得很慢，但我从不后退。）我想这句话适合他，也分享给每一个生活中勇往直前的slow walker（慢行者）。

更难能可贵的是，他不仅仅自己努力，还拉着女朋友一起学习，最后，两个人都考上了研究生。研一的暑假，他告诉我说，他在备考雅思，因为学校有出国交流的机会，他想走出国门去看看外面的世界。

亲爱的朋友，看到了吗？"希望"这种东西很神奇，一旦你心中种下了"希望"的种子，即便是悄无声息，也会慢慢积蓄起力量，甚至让你欲罢不能。这让我想到了电影《肖申克的救赎》里的一句台词："Hope is a dangerous thing. Hope can drive a man insane."（希望是个危险的东西，它让人为之疯狂。）

你可能想问："难道他就没有想放弃的时刻吗？"你别说，我还专门问了这个问题。他说，不仅想过放弃，而且想过很多次。但我课上讲过的一句话，帮助他坚持了下来。

今天，再次把这句话分享给你："决定你人生高度的一定不是此刻的起点，而是玩命努力之后可以达到的终点。"

其实，大家不知道的是：这句用来激励别人的话，更多时候也是我用来激励自己的。

意大利经济学家帕累托在对19世纪英国社会各阶层的财富和收益统计分析时发现：80%的社会财富集中在20%的人手里，而80%的人只拥有社会财富的20%。这就是经济学中的"二八法则"。

其实，生活中也普遍存在着类似的"二八法则"。比如，20%的人从正面思考问题，80%的人从负面思考问题；20%的人眼光长远，80%的人只看眼前；20%的人只为成功找方法，80%的人为失败找理由；20%的人今日事今日毕，80%的人今天事推到明天；同样的一件事，80%的人因为各种理由放弃，20%的人努力坚持下来，最终取得成功。

希望今天读到这篇文字的你，通过自己的努力，跳出人生这80%的局限。因为今天你不努力争取自己想要的生活，明天你可能就要花费更多的时间去应付你不想要的生活。

那天是"5·21"，这位河南小伙送给我一个笔记本，内页里只写了一句话:"我只是你们工作中的匆匆过客,而你们却是我的人生转折。"

  一直以来我们所做的事情都很平凡,但看到这句留言的那一刻,我泪流满面,内心迸发的自豪感,让我深感自己工作的成就感。

  有时,我在想:"石雷鹏,谁是你生命中的贵人?"

  今天,我想明白了:能相互成就、彼此温暖的人,无比重要。

穷不可怕，可怕的是你一直坚守贫穷

一个云南姑娘，在微博上问我："我是否应该放弃考研？"

她说，自己家里经济条件不好，考研就意味着暂时不能工作挣钱，甚至还要伸手向家里要钱，而且想到读研的学费，就无比惭愧，不舍得让父母更劳累；更怕自己考不上，努力和金钱都付之东流。

一

首先，评估一下，你到底穷不穷。

如果家里确实穷得叮当响，你还是要先度过生存期，才有资格谈理想。因为你总不能为了自己要考研，就让全家都陪你挨饿吧？

事实上，如果你能顺利大学毕业，且不谈能挣多少钱，只要你不傻、不懒、没有强烈的物质欲望，找到一份工作养活自己，是不难的。

独立是成长的第一步。对穷人家的孩子而言，你要的不只是经济独立，更重要的是思想独立。因为很多决定，不是父母不想帮你，而是他们有心无力帮不上。

此外，关于"学费"的担忧，恕我直言：有时候，你说自己穷，穷不只是没钱，还有信息的闭塞。

努力考个高分，入学时，就可能有机会拿到研究生入学奖学金。有些学校虽然给得也不多，也就万把块钱吧，但拍脑袋想想，万把块钱，能买多少馒头？

何况每个学期，如果你足够优秀，还有学年奖学金，一般学校也有几千块钱。再不济，都已经是成年人了，做点儿兼职工作，也能养活自己吧？别忘了，这年头，假期你兼职送外卖，都能挣到几千甚至上万。而且，如果能考上研究生，你考研期间的知识储备和专业技能，也能帮你变现，比如给小朋友辅导功课。

二

穷人家的孩子，到底是否应该坚持考研？我的建议：长远看，家里穷，才更需要考研。因为一没人脉，二没背景，唯一可以助你摆脱困境的就是在学习这条路上走下去，这条路是相对公平的。

我就读的高中，曾经有个师哥，他是家中老二，他有个姐姐，还有一对双胞胎弟弟，而且他家很穷。

多穷呢？家徒四壁，是真的家徒四壁：房子是土坯房，屋里盛水的缸都是破的。父亲常年生病，身体虚弱，丧失了劳动力；母亲只好一个人拼命工作维持生计。

虽然生活上这一家是穷人，但思维意识里他们还真没穷过。因为无论生活上多穷，他的父母始终都相信：读书能改变命运。

他高中三年就没回过几次家，为什么呢？

因为穷，因为在学校比家里生活好点儿，更因为他实在是太努力了。努力到什么程度？除夕夜，他还在宿舍里做数学题。

正因为他的努力，还因为他家穷到瘆人的地步，更因为他成绩出色——每次考试他都能甩开第二名100多分，学校领导过年都把他请到家里吃饭，鼓励他考取清华或北大。

学校每年都给他奖学金，还把他姐姐弟弟的学费减免了，同时给他们生活费，其实也不多：学校食堂管饱，随便吃。

你可能要问：学校这么做，值得吗？答案是：值得。

他后来成为我们县级高中第一个考上清华大学的学生，还是当年全市状元。而且，因为他作为领头羊的带动，年级第二名、第三名……都玩命地追赶，考取985院校的学生数量在那一年井喷了。因为这一批优秀毕业生，这所高中的声誉和生源都得到了提升。后来，省级和市级的报纸对他的事迹进行了报道，电视台更是以"寒门贵子"为主题连续播放了一个月的相关报道。

这个故事发生在1998年，两年后我出生了。（开玩笑的）

后来他进入了清华大学，大学四年也不怎么回家，为啥？不仅因为穷，更因为清华大学有很多比他厉害的人，在一个高手过招的竞技场上，他唯有玩命努力，才能站稳脚跟。

三

故事讲完了，听着像演义，但确实是真事。

那个时候的他，是真穷。但真正可怕的，不是生活的贫穷，是思维意识的贫穷。

物质的穷，当然可怕，但更可怕的是有人坚守贫穷，完全不知道自己想要什么样的生活，不敢也不肯面对通往梦想途中的荆棘丛生。

穷人之所以穷,是因为穷人能吃生活的各种苦,唯独吃不下读书的苦。生活的苦,是一种消耗;读书的苦,是一种收获。很多人只有经历了生活的苦,才知道原来读书是轻松的,但现实残忍之处在于:不是所有人都有后悔的机会。

一时的贫穷不可怕,可怕的是你思想上一直坚守贫穷。

致老白：致敬所有的创业者

喜欢一句话："决定你人生高度的一定不是你现在的起点，而是玩命努力之后可以到达的终点。"

这些年来，我时常捏着自己的脸反复对自己讲着这样的话，在我偷懒时，在我想要放弃时。

就如我之所以还坚持写着一些其实别人也不怎么看的文字，除了为自己的奋斗留下一份纪念，也想记录身边朋友的起点、终点和拐点。

一

高三时，班里转来一个不速之客。

他姓白，我们叫他老白。

老白体形健硕，面如银盆，说话带有明显的邯郸大名地方口音，但毕竟都是中国话，其他同学跟他交流起来还是没有问题的。

他的座位就在我的身后，于是我们有了更多交流的机会，也就了解了他的英雄往事——他因为打架被原来的学校开除了。

那场架在他的脸上留下了深深的印记——疤痕。发生冲突的具体原因，据说是地域歧视，因为他说话带口音，被集体嘲笑了。他一开始忍着，后来忍无可忍，就动手了；结果被群殴的他，也把施暴者之一打骨折了。更惨的是，这件事被警察叔叔撞见了，先把他扭送到派出所训斥一番，再发落回学校处理，然后就被学校开除了！

他爸爸跟他聊了聊，也没怪他，就千方百计地托关系找门路，让他转学了；或许，在一个全新的环境里，可以有一个新的开始。

转学之后的老白无比努力。那时的高中有晚自习，他就每天坚持学到熄灯，然后再点蜡烛学一会儿。

除了学习成绩的进步，他在新的环境里还收获了一帮"狐朋狗友"，大家都说着不太标准的普通话，吃着食堂里没有油星儿的盐水煮菜。

在三点一线式的压抑的高三学习中，日子就这样一天天熬过，最终迎来了高考。他的高考成绩不理想，不仅没考上一本、二本，连三本都没有机会。

当时我和几个朋友劝他复读，他说不是自己不想去重点大学读本科，而是目标遥不可及。高三玩命坚持一年，身边的朋友还经常帮他，给他讲题，但他"理化生"三科依然一点儿也不灵光。

最终，他选择了别的赛道——自学考试，自学会计专业。一来他数学不算太差，学会计自己有点儿自信；二是会计这个专业就业面较广，将来饿不死；三是他如果足够吃苦的话，有可能用4年甚至更短的时间，拿到本科学历。

他的梦想是：追赶我们这些所谓成绩优秀者的脚步，实现弯道超车。

二

之后的几年，我们之间的联系日渐稀少，不是不想联络，而是通信不够发达；在过年或假期回家时，大家还是会喝酒聚会，见面聊天。

大二时，他给我打了个电话，说："石头，你哥我用两年的时间，通过了会计专业自学考试的所有科目，本科毕业证拿到手了！"

后来，我在电话里给他找工作提了一些建议，聊了聊我自己正在争取保研的事情。

挂了电话后，我跟舍友说："我的一个哥们儿，很厉害，用两年时间，拿下了自学考试的本科文凭。"

一个舍友面无表情地笑了笑，说："厉害吗？听说自考本科没啥含金量，社会也不认可。"

听到舍友的评论，我默默地想了想："也是，自考本科，有啥可骄傲的？"

后来老白托一个亲戚的门路，进了中石油，在一个偏远地区的加油站里做会计。两年后，舍友毕业回家乡的县级中学当了老师，我保研继续读书。

有一次喝酒时，我调侃老白："中石油的福利待遇真好，看看你现在肥头大耳的模样，就是最好的证据。"

他长叹一声："看不到未来呀！自己的起点确实低了点儿，干的都是底层的工作，一线员工真是辛苦呀！"

我说："别得了便宜还卖乖了，福利那么好，还有什么不满足的？"

他喝了口酒，继续说："我本来也是这么想的。一开始，我特别满足，体制内、福利好、稳定；我像个傻子一样玩命努力，但现在却迷茫了；一想到30年后还是在这个加油站里干着同样的工作，就觉得这不是我想要的生活！"

我问："那你说说，什么是你想要的生活呢？"

他又喝了一大口酒，说："我也不知道。"

三

两年后的一天，正在写毕业论文的我，接到了老白的电话，说有事求助我。我说，好久没聚了，正好一起喝个酒吧。

约了一个馆子，我们坐下喝了几杯啤酒，开始聊天。

这时，我才知道上次喝完酒后不久，他就从中石油辞职了。辞职后的这两年，他和自家的表哥一起去西北某个城市打拼，做某品牌面粉的城市总代理。

聊完了这两年的经历，一打啤酒也喝完了。

我接着问："哥，你找我啥事？不会是让我帮忙去扛面粉袋子吧？我可没时间，论文都快愁死我了。"

他跟我碰了一杯酒，继续说："兄弟，惭愧呀！面粉代理的生意，没啥起色！不准备干了。"

我一听，立即开始安慰他："哥，赔了吗？赔了多少？赔多少都没关系，关键是咱要振作起来，没有过不去的坎儿，你需要多少，兄弟我都给你兜着！"

这番话一出口，吓得老白赶紧敬了我一杯酒，然后问："弟呀，你有多少？"

我从兜里掏出随身带的一沓钱，数了数，差不多有近500块，拍在桌子上："今天只带了这么点儿，你要是还需要的话，卡里还有几千，一会儿从取款机取了给你。"

老白一边喝啤酒,一边笑:"兄弟,你哥我虽然没赚到大钱,但也没赔钱,这次找你不是借钱,喝酒喝酒!"他接着说:"把你的学生卡借我用一段时间。"

"干吗?"

"在国企工作两年,我很努力,但我找不到未来的方向;卖面粉两年,我也很努力,但发现这也不是我想要的生活。"

"哥,那你想要什么样的生活?"

"兄弟呀,我还没想明白呢,但经历了这些,最起码知道了国企工作和卖面粉都不是我想要的。最近思考了一阵子,还是想回到自己熟悉的会计行业,但我不是注册会计师,必须考下来才有更大的空间。

"过去的这一星期,我在家里看书,但效率太低了。所以,我就来找你,想用你的学生证混进图书馆,那儿有学习氛围;我特别喜欢那种不带手机,在图书馆猛学的感觉,中午累了就趴在桌子上眯一小会儿,睡得特别香。"

我说:"哥,没问题。学生卡也是饭卡,里面还有200多,你看你这一身肉,不如每天也在学校食堂吃饭吧,就吃那种最便宜的、没有油星儿的盐水煮菜,保证能瘦!"

"哈哈!就这么干!"

那天晚上,我们喝了好多酒。之后,就各自忙各自的事情。他每天早出晚归,家变成宿舍;我每天憋着论文,同时忙着在新东方的兼职授课和寻觅毕业之后的工作。

四

后来，我研究生毕业，应聘到了北京的一所高校，当起了英语老师。老白通过了注册会计师的全部考试，供职于北京某知名会计师事务所，也是注册审计师。

几年后，当我告别平淡的高校生活辞职创业时，老白已经成为该会计师事务所的合伙人。

那年冬日的一个夜晚，我和老白在西三环附近找了家好吃的火锅店。

几杯酒下肚，看着老白半头的白发，我说："哥，今天这样成功的人生，是你想要的了吧？"

老白苦笑了一下："弟呀！这次叫你出来，就想和你说一声，我准备创业了。"

我没有丝毫的惊讶，因为我知道：财富自由，是很多人奋斗的终点，但也是很多人真正的拐点。

因为永远在路上，才是创业者的心态写照；我参与过创业，所以知道创业真是九死一生，前路无比凶险。

我不知道老白能否创业成功、实现梦想，但我相信任何人在一段路走到最高处时，如果能有归零的心态，重新扬起风帆朝着新的目标迈进，此生就不会虚度。

祝福老白，谨以此文，致敬所有的创业者！

永远不要停下前进的脚步

成为更好的自己：从焊接专业、房产销售到中传硕士

"他之前搞焊接，大学毕业后做房产销售，去年考上了中国传媒大学播音主持的硕士研究生。而且，他也听过你的课哦！"

这是我第一次听到的别人对 L 同学的描述。那是两周前，我和央视美女主持人汤蓓老师一起听李尚龙的私房写作课，李尚龙在讲课时说了上边这句话。

12 月 25 日圣诞夜，L 同学从传媒大学到我工作的朝阳门探班。下班后，我们找了个馆子，几瓶酒下肚，相谈甚欢。

今天，给大家分享他的故事。

一、一双旧皮鞋的记忆

L 同学家的鞋柜里，保存着一双鞋底磨出洞的旧皮鞋；这双鞋子记载着他的一段青春岁月。

由于高考不理想，L 同学踩线考进了黑龙江某二本大学，阴差阳错学了焊接专业，没错，就是那个动起来就会"刺刺刺"冒火星、特

别刺眼的焊接!

焊接是一门高超的技术活,高端焊接人才也是市场缺乏的,但他在焊接方面的天资、兴趣和能力都不能说是"差",而只能说是"非常非常差"。这一点,多次挂科和补考就是最有力的证明。

如果上大学时,你学的是自己不喜欢的专业,无疑是痛苦的;如果毕业后,你还要做一辈子自己不喜欢的工作,无疑是更痛苦的。

意识到这一点,L同学经历了无数个痛苦的不眠之夜后,确定了自己感兴趣的方向——播音主持。

任何梦想落地时,都会砸出一堆问题:怎么开始?从哪里开始?机会在哪里?路在何方?

他对着镜子,审视着自己的"姿色":除了脸大,其他先天条件都还不错——身材、声音、气质等还说得过去。但播音主持需要的口才、表达能力、应变能力、审美情趣、知识层次如何去培养?谁来培养?实践的舞台在哪里?

很多时候,我们会看着努力的别人,赞叹一番后继续自己一成不变的生活,这样的你如何去过自己想要的生活呢?

行动起来!既然没有出色的起点,那就从草根的位置开始出发吧!

大一的暑假,他先去服装批发市场买了西装、领带、皮鞋,精心打扮后出发了,目标是哈尔滨市所有婚庆公司——能在地图上找到的,以及在地图上都找不到的。

2014年的他很穷,打不起车,只能坐公交。那时共享单车还没有普及,下了公交,他就步行一家家找,敲开人家大门后,毕恭毕敬地掏出U盘,说:"这是我录制的一段婚庆主持视频,贵司如果有需要的话,可以联系我。不给钱,给个机会也行。拜托拜托!"

三个月后，他得到了第一次婚礼主持的机会；之后有了第二次、第三次……200多次涉猎红白喜事、商场大促、午夜电台、电视购物以及校园活动的主持机会，直至当上学校电台播音主持、台长，获得主持人大赛的冠军。

一个夏天，一双鞋底磨出洞的皮鞋，成为生命中永恒的记忆。

你有梦想，不怕千人阻拦，就怕自己放弃。机会在哪儿？机会从来都不是别人给的，而是自己创造出来的。

二、从房产销售到中传硕士

2017年大学毕业后，L同学并未继续深耕婚礼主持行业，并不是因为他不相信爱情和婚姻，而是听说房产销售的年薪能达到百万。

可惜天不逢时，他入行后，由于政策调控和限购，房市行情一落千丈。大钱是没挣到，这份工作倒是让他充分感受到了什么是"忙"和"累"。

7月份入职天津某地产公司，一直到元旦，休息不超过3天；别人是"朝九晚五"，而他们是"朝九晚十／十一／十二"或者更晚。

忙点儿，累点儿，其实不可怕；可怕的是很忙但没有成长，这叫瞎忙。

如果此刻的你发现自己也在瞎忙，不妨冷静思考一下：这样的日子，是你想要的吗？

改变我们人生轨迹的可能是自己读到的一本书，看的一部电影，遇到的一位老师，与牛人的一番谈话；它们就像一束光照亮黑暗中你前行的方向，就像一把火点燃你内心久违的激情。

L同学人生轨迹的改变，缘于一条朋友圈。

年底时，L在一个老师的朋友圈里看到了一条"中国传媒大学开学典礼"的分享，配的文字是：希望您能有机会来现场听听，而不只是看视频。

那一刻,"中传"这两个字让他的心怦怦怦地跳个不停。

那个深夜,无眠的 L 同学看着手边仅有的一本《播音主持艺考培训教程》,问自己:"真的行吗?我从小学到大学,没有受过任何系统的培训!"

最后还是决定,给自己一次机会,准备考研!考上了就继续,考不上也没啥损失。

很不巧,那会儿正赶上项目开盘,白天工作真的累到爆炸,那段时间早 9 点到晚 11 点是工作时间;白天的工作真的就可以让人崩溃了,回来洗漱完毕就到半夜 12 点了。每次坚持不下去的时候,L 就自己幻想,幻想自己有一天可以以学生的身份踏入那个学校,而不是之前的"到此一游",然后就感觉坚持也没有那么难了。

公司春节放假,同事都高高兴兴回家过年了,他还在公司宿舍里面,做阅读、练翻译。

大年初一那天,他走了三条街,一家餐厅也没有开门,真是绝望。那段时间,楼下超市的泡面都被 L 一个人买走了。

再后来,L 同学报名参加了播音主持专业的培训课程,在第一年准备考研的同时,也获得了播音主持专业的第二学位。

获得第二学位的那一刻,他写下了一句话:想得明白,才能干得坚决;下一个目标,准备年底 MFA(艺术硕士)播音专业的研究生考试。

后来,他第一年考研失败了,但第二学位的专业训练及校外参加的专业课培训,帮助他完成了从"泥腿子"向"正规军"的转变。

再战的他,最终考研上岸;四级未过的他,考研英语 62 分。其实,很多同学进入大学后,英文水平不仅是下滑,而且是飞速下滑,所以很多同学大学四年四级都没考过。但无论怎么样,四级没过,考研英语能考 62 分，着实不易！

2019 年，作为研一新生，他还担任了"第二十一届齐越朗诵艺术节暨全国大学生朗诵大会"的主持人。

三、后续：一张写满笔记的面巾纸

故事分享到这里，我想说的是：L 同学的真正挑战才刚开始，因为站在更高的平台上，要求更高、挑战更多、压力更大，但同时提升的空间和可能性也更大了。

每个人的努力，都是为了活成自己想要的样子。

接下来分享一个小插曲。

喝酒时，我问他："英语学得痛苦吗？"

他说："第一节课很痛苦。"

我以为是自己讲得不好，就假惺惺地说："抱歉，讲得不好，让你受累了。"

他接着说："那倒不是。第一节上课时，我在外面，讲义没带，但转念一想：'钱都交了，课不听，对不起人民币呀。'于是，就掏出随身的面巾纸，边听课边记完了课堂笔记。"

其实，在梦想遭遇惰性时，可以多想想：这个梦想对自己来说，是"想要"，还是"一定要"？如果是"想要"，可能最终什么也得不到；如果是"一定要"，就会想尽一切办法，创造条件去努力争取。

你看人家，上厕所时还在坚持听课，还用面巾纸记笔记，容易吗？

生活不易，谁不是负重前行？

此刻凌晨 1 点整，北京的夜颇不宁静，冷风在窗外呼啸。希望你能朝着自己的光，努力成长为自己想要的样子。

努力做个好人，不再费心向别人证明什么

一

经常看到网上有人说：所谓有缘，就是前世五百次的回眸，才换来今生的一次擦肩而过；前世五百次的擦肩而过，才换来今生的一次邂逅；前世五百次的邂逅，才换来今生的相识一笑。

我一直在想，如果这种说法是正确的，我今天认识了几十万的学生，说明我的前世一直在做一件事：不停地回眸。

哈哈，开个玩笑，我想说的是：珍惜这来之不易的缘分。当然缘分这东西，有良缘，也有孽缘。

小K高考的那两天，恰好来大姨妈，痛经，还赶上牙疼。结果你懂的：发挥失常，成绩比平时低了将近100分。

她家里孩子多，爸妈都不愿也无力支撑她复读。无奈中，她报了家乡三线城市的四线大学。

小K说，感觉自己读的不是一所正常的大学。我问："为什么？"

她说："我发现一个神奇的现象，我的舍友们天天打游戏、刷剧、

逛街、卧谈，就是不学习。"

我说："中国的一些大学，不能称之为真正意义上的大学。这样说，虽然很残酷，但可能是客观事实。这类学校一个突出特征就是很多人不仅自己不学习，还不希望别人学习。"

小 K 说："您说得太对了。一个宿舍，大家都不学习时，关系融洽，其乐融融；但突然之间，一个人开始发奋努力，宿舍氛围开始变得诡异。"

我说："能具体点儿吗？"

小 K 说："当那个努力的人结束了一天的学习，晚上背着书包，从自习室或图书馆回到宿舍时，听到的都是冷嘲热讽。"

我说："优秀的人相互影响，糟糕的人相互拉对方下水。"

接着，小 K 开始模仿她舍友的语调："哎呀，真是我们宿舍的学习标兵呀！你学习可真刻苦呀。"

我说："你就是那个不合群、被孤立的人吧？"

小 K 说："是的，我该怎么办？"

我说："宿舍只是一个你用来睡觉的地方，如果在宿舍待着，容易滋生矛盾，就多去图书馆或自习室，做自己想做的事情。舍友不一定就是朋友，你无法选择自己的舍友，但你可以选择自己的朋友，选择自己想要的生活。"

小 K 说："好的。我向学校申请了换宿舍，但学校说理由不充分，不给换。我还不得不继续面对舍友的冷嘲热讽，很难受，该怎么办？"

我说："你有两个选择：第一，去跟她们吵一架，质问她们为什么这么毒舌；第二，告诉自己，努力学习不丢人。你们不是说我努力吗？那我就玩命努力，努力过四六级，考上研究生，到时候拿着录取通知书甩在舍友的脸上，对她们说：'我就是很努力，怎么着？'你选哪个？"

小K说："第一个，听起来很爽。"

我说："你拉倒吧！舍友里要是有个脾气火暴的人，早就大嘴巴子抽过来了，打一架是最简单粗暴的选择。但你不是个小孩子，早过了打架解决问题的年龄。况且，你哪有精力和时间去跟不相干的人吵架。毕竟，有更重要的事情等你去做。"

小K说："那我还是选第二个吧。"

我说："能够不在烂人烂事上纠缠不清时，你就成长了。事实上，当你真正经历了千山万水，坚持走了很远的路，拿到了自己想要的东西时，你还会跑到舍友面前去炫耀吗？"

小K说："应该不会吧。"

我说："当实现逆袭时，你早已在磨炼中强大；站在更高的地方时，你会有更大的格局，你会觉得曾经听到的一切冷言冷语，都是那么风轻云淡。"

认知水平决定一个人的格局，而格局决定一个人的人生走向，有时候甚至决定人生的结局。

两年后，小K不仅通过了四六级，拿了多次奖学金，还考取了北京一所985高校的研究生。

二

记得是4月的一天，小K来北京参加考研复试，之后，顺道来看看我这个考研路上日日相伴但素未谋面的老师。

我们聊了几句，一开始的生分慢慢消散了。我笑着问她："跟舍友的关系还好吗？"

她尴尬地笑了笑："说一点儿都不在意，是不可能的，毕竟是抬头不见低头见。"

我说："三个女人一台戏，一个女生宿舍，好几个女生，好几台戏。"

她说："是的，她们几个还有自己的群，出去聚餐也从来不叫我。"

我问："你们之间有啥大矛盾吗？"

她说："没有。因为考研这一年，我几乎成了自习室的幽灵、图书馆的雕像。只在晚上睡觉时回宿舍，所以平时说话都很少，想产生矛盾，也不太可能。而且，每天回到宿舍，洗漱完之后就戴上耳机，听听课复习或弄点儿轻音乐助眠。"

我问："不想参与舍友的活动吗？"

小K说："不是不想参与，而是她们一起玩惯了，也不叫我。"

听得出，也看得出，小K多少有点儿落寞。

我说："舍友虽然算不上特别好的朋友，但也不是敌人，她们当初也就是口无遮拦，说了一些风凉话，但也没影响你。"

小K用她的卡姿兰大眼睛瞪着我，突然说了一句："感觉别人的舍友，都跟一家人一样……"

我问："怎么就跟一家人一样？具体点儿。"

她说："其他宿舍，好几个外地的，每次寒暑假结束回来，都带各种好吃的。"

我接着问："你们宿舍呢？"

她说："我们宿舍，都是一个城市的，大家谁也没带过。"

我说："要不，你这次来北京面试完，出点儿血，给舍友带点儿好吃的回去，或者其他小礼物也行。如果不善言辞，送点儿小礼物，意思意思，她们会懂得你的意思。"

那天，小 K 花钱买了点儿北京的小吃，带了回去。我不知道回到宿舍的小 K 是如何破冰的，但我知道冰破了。因为我在她的朋友圈和微博中看到了她晒出的毕业照、宿舍集体照、宿舍聚餐照，姑娘们笑得很阳光，很开心。

再后来，小 K 跟我说，那天宿舍姐妹们一起吃散伙饭的时候，她都哭了。舍友说，小 K 是她们的骄傲，因为小 K 考上的学校是她们学院近几年来考研录取学校里最好的。

她一直以为自己是那个被冷落的人，她不知道的是，她的努力和坚持，也在影响和改变着她的舍友，她的舍友们以她为荣。

补一句：小 K 是我 2017 年教过的学生，那年她考上了北京理工大学的硕士，就在前两天她买了鸭脖来道别，因为她硕士毕业后要去南京大学读博士了。

可惜，那天我着急回家上课，就在微信上跟她说了一声："把鸭脖留下，人见不见面，不太重要。"

然后，她就坐在我的工位上，自己把鸭脖吃了。

果然是我教出来的好学生，跟我一样没心没肺！

三

小 K 同学吃完鸭脖后，给我留了个纸条："感谢彦祖老师在成长路上的陪伴，感谢你的那句话一直鼓励着我前行——决定你人生高度的不是此刻的起点，而是玩命努力之后可以达到的终点。"

如果今天你的起点依然不高，如果今天你得到的生活不是你想要的，如果今天你所处的朋友圈的层次和水平也不是你向往的，请你选择努力，努力使自己发光，就不惧怕黑暗。当你光芒四射时，你会在黑暗中照亮自己和别人。

我的好朋友王琢老师讲过一句话："林子大了，什么鸟都有；但鸟大了，什么林子也都可以有。"无论你是菜鸟还是大鸟，做更好的自己，才能飞得更高更远。

你选择颓废，但没必要去嘲讽别人的努力，因为任何为梦想努力的人，都值得尊重。

你选择努力，但没必要去嘲讽玩世不恭的人，因为他们还没有被生活逼到墙角。

你喜欢法式大餐，但没必要去嘲讽在路边光着膀子喝扎啤、撸串儿的人，因为别人的快乐，你不一定懂。

你喜欢说走就走的潇洒，但没必要去嘲讽呆坐家中喝酒、看书、写字的人（像我），因为他们的闲情逸致也是一种情调。

当然，你也可能是那个被嘲讽的人，三观不合，没必要把对方请到你的生命中供着，这样的纠缠，越闹腾越累。

最洒脱的结果，不是你用自己的成功狠狠打了别人的脸，而是你选择努力做更好的自己，不再费心向别人证明什么。

读名校,不是你成长唯一的出路

这几天,微博和微信中不断收到一些同学考上目标学校研究生的好消息,其实都是一些大家耳熟能详的学校,比如北大、清华、复旦、浙大、南大、天大、南开、吉大、武大、华中科大、厦大、北师大、北航、人大,等等。

收到太多这样的好消息的我,有点儿飘,有点儿麻木,觉得自己作为老师好厉害。除了这些,其实心里还有很多感触,因为他们之中,有很多本科学校一般的学生,甚至还有专科毕业的。

可以说,每个为梦想努力的人坚持到今天,无论结果如何,都不容易,都值得尊重。

这些天,也有同学与自己的第一志愿擦肩而过。有人问我:非名校的研究生有必要读吗?非全日制研究生有必要读吗?

一

之前,我写过:只要有改变的机会,就要玩命抓住机会去改变,读名校，不是你成长唯一的出路。你成为英雄时，没有人再关心你的出处。每次分享这句话时，我总能想起我的一个朋友小秦。

他跟我都是邯郸人，小我好几岁，读书时，我们都是英语系的，所以熟悉。

我研究生毕业后，来北京一所大学任教，他本科毕业那年报考了北京外国语大学的高级翻译学院，那里是国内培养顶级翻译人才的地方。

可惜，他连初试线都没过，最后调剂到了天津工业大学。天津工业大学也是一所不错的学校，但其英语专业和北外的高级翻译学院相比，差距确实很大。

记得是10月的一天，我、小秦还有一个外教相约在玉渊潭游玩，我问他："为啥不选择二战？"

他说："家里穷，无法支撑我二战。"

我问："天津工大的英语专业，实力如何？"

他笑了笑，说："和北外比相去甚远，但既然选择了，就没啥好后悔的。学术环境虽然差了点儿，但导师一定比我懂得多，我不放弃自己，就一定能学到东西。"

我问："将来准备做什么？"

他看着远方，说："没想过别的，只喜欢做翻译。所以，平时把导师交代的任务完成后，我就出来找口译的活儿。"

我问："能挣到钱吗？"

他说："偶尔能挣到点儿，虽然不多，但足以养活自己。但这不重要，重要的是我喜欢。"

我说："不错！非常清楚自己想要什么，怎么得到，我应该向你学习。"

他尴尬地笑了笑，说："师兄，别笑话我了，我觉得你在高校当老师，也挺令人羡慕的。"

我说："要不等你毕业，也来高校当老师？"

他说："没想过，我就喜欢翻译，想去看整个世界。"

二

后来，我在高校中继续享受安逸，当一个普通但受学生爱戴，偶尔被学生调侃的小老师。平淡的日子在波澜不惊中，一晃就是几年。

2019年的一天，我的微信突然收到一个好友申请。我一看，是小秦，那一刻，我意识到我们好几年都没怎么联系了。

通过了好友申请后，他就开始跟我用英文寒暄闲聊。聊着聊着，我发现惊喜重重。

一开始，小秦还恭维我，说："师兄，几年未见，今天发现您的微博粉丝竟然有200多万了。好厉害！好厉害！"

我说："虚假繁荣，都是假的，有的是微博给灌的粉，还有一部分是我忽悠过来的。"

他问："怎么忽悠过来的？"

我说："我跟学生们开玩笑说：'关注我的微博，考上研之后，都给分配对象！'然后他们就呼呼呼地关注了。"

他又问："结果呢？"

我说："哪有那么多对象可分配？逗他们玩玩而已。"

小秦说："师兄，你现在真是桃李满天下了，应该很有成就感吧？令人好羡慕！"

我说："你现在做什么工作？有没有兴趣投身在线教育，在这里大展宏图？"

　　他说："目前，还没有这样的想法。"

　　我问："以后，会有吗？"

　　他答："以后也不会有。"

　　我问："那你现在做什么工作？"

　　他说："我只喜欢做翻译。"

　　我说："不错。是笔译和口译？"

　　他说："主要是口译，同声传译。"

　　我心里咯噔一下，寻思这小子肯定是在吹牛。因为我自己和身边很多同学、朋友都是学英语的，其中有很多宣称自己能做同传，但多数是吹牛，实际上没那个能力，也没有机会去做真正的同传，即便偶尔有做过的，也是屈指可数的一两次而已。

　　所以，我当时就想："几年不见，小秦浮躁了，想忽悠我。我情商这么高，也别戳破他了吧。"于是恭维了他几句，就结束了闲聊。

　　2019年国庆那天，我闲来无事，翻看微信，小秦更新了朋友圈，一下子让我震惊了。他说："没想到以这种方式参与到了国庆70周年的庆典中，今天，有幸在央视国际频道同步翻译了主席的阅兵讲话……"

　　我喊了一声"哇！"，然后从沙发上迅速起身，再仔细看配图，是他守在同传设备前的照片，还有央视直播画面和双语讲话稿，最后一张是他笑靥如花的大脸。

　　再翻看他的朋友圈，欧洲、联合国、雄安、北京……全是国际会议的现场照片。身边有这样的一位大牛，我竟然不知道。

　　回想起之前跟他戛然而止的聊天，还有我狭隘又可笑的臆断，我用自己颤颤悠悠的手，拿出手机，给他发了微信，约牛人饭局，跟牛人聊天。

他第二天才回复我,说:"最近有点儿忙,得过一阵子!"

这次我知道了,人家是真的忙。于是我说:"看你时间方便,我都行。"

三

两个月以后,我们终于约上了,选了西单附近的一家川菜馆。

一起赴约的还有我的一个弟弟小明,他在香港科技大学读硕士,专业也是同传,我叫上他,结识一下行业的前辈。

几年未见,小秦的体形丰满了一些,而我,丰满更多。

几年未见,小秦也苍老了一些,而我,苍老更多。

几年未见,小秦已经从天津工业大学的非名校研究生成长为职业同传,而我,虽然相形见绌,也在网络教育的红海中杀出一小片天地。

一时之间,无限感慨,我们三个人要了几瓶啤酒,开始畅饮。

几杯酒下肚,我开始拐弯抹角地盘问小秦的奋斗历程,一是因为我确实感慨和好奇他如何取得今天的成就,二是想为一起赴宴的弟弟的未来职业生涯增加一种可能。

我说:"你是我们的骄傲呀!非名校毕业,但最终成了顶级的译员,以后你就是我吹牛的资本了。如果方便的话,抽空来给我的学生做一下分享,如何?"

他问:"你的学生?大概是什么基础?"

我说:"基础也不算太差,也就是四级没过或刚过的样子。"

他笑了笑,说:"这个有点儿难度,分享同传这个行业的知识,差距太大,而且没有专业和持久的训练,他们听了,也没啥帮助。"

我说:"说得也是,不分享怎么做同传,但可以分享你的经历。"

他说:"这个更难,因为我也没想过干别的,只想做翻译,所以就一直努力跟着牛人学习,不断训练自己,最后就这样了。没啥好分享的。"

我说:"别谦虚了,你先给我们两个说说,你怎么就开始做同传了?更关键的是,怎么就能做同传了?"

他笑了笑,说:"咱们先喝一个,让我捋捋。"

原来,小秦读研期间,除了正常的专业课学习,其余时间都扑在了自己喜欢的事情上,他用做口译挣来的钱报班,接受更专业的口译训练,考口译证。这些年,他要么就是在学习提升的路上,要么就是在实践技能的路上,比如做会议翻译、陪老外旅游,只要有机会就锻炼自己,挣钱多少无所谓。

我问:"你读的这个非名校研究生,对你之后的发展有帮助吗?"

他说:"说有,也不算大,因为我在自己感兴趣的事情上花的时间和精力更多;说没有,也不可能,因为我的导师给我推荐了很多口译实践的机会,最关键的是让我有幸认识了现在的老大,才有了后来接受职业训练的机会。"

我问:"你老大是谁?"

他说:"外交部翻译室前主任。"

我说:"确实厉害,国家队的领队。"

他接着说:"老先生是真厉害,他就是我梦想的高度。"

我说:"他当初没有因为你是非名校的研究生而看不上你吗?"

他笑了笑,说:"他有没有,我不知道,但我确实因为这一点怕人家看不上,所以只能玩命学,玩命折腾自己。其实,想想也对,你不是名校出身,还没真本事,别人凭什么高看你?"

我带来的小明弟弟一直也没怎么说话,他一开始就说自己主要是来当听众的,而且我和小秦两个没心没肺地聊起劲儿了,竟然把他给忘了。

这时,小明问了一句:"哥哥,您现在是什么级别的口译?"

小秦说:"联合国和欧盟的签约译员,主要服务对象是联合国、欧盟、商务部和其他组织或公司。"

小明又问:"这个译员岗位,是老板推荐的吗?"

小秦说:"这个,老板推荐也没用,我去年成为联合国签约译员时才知道,联合国系统内懂中文的翻译一共才80名。"

我和小明异口同声地说:"太牛了。"

然后,我们情不自禁地举起了酒杯,一饮而尽。

那天,我们都没有喝多,因为多年未见,想聊的东西太多,我们分享着各自行业的状况和发展前景,相谈甚欢,一直聊到深夜川菜馆打烊时才散。

四

有时,我也会有些许颓废。虽然心中还有梦想,但现实总会有羁绊和阻碍,于是,我也经常问自己:你想做的事情,有意义吗?能实现吗?

每当我在奋进的路上有些许泄气时,我会想起我的师弟小秦这些年的锲而不舍,会想起他说"我就是喜欢做翻译"时的坚定,会想起他从邯郸的小县城开始一步步走向联合国的平台。

前几天,一个同学在微博上@我,她羞涩地分享自己"上岸"的消息:"老师,看着您微博上好多人都考上了名校,虽然我只考上了一个普通学校,但还是想跟您分享一下,我会继续努力的。"

我在评论中回复说:"有名校的头衔,当然好,但决定你未来人生高度的一定不是你的学校,而是你清晰和伟大的目标,还有你持续的努力。"

我曾跟很多人也包括自己说:决定我们人生高度的一定不是起点,而是玩命努力之后可以达到的终点。

你年轻时总感觉,有些目标很高,高到无法触及;有些目标很远,实现的希望很渺茫。你别忘了,你的一生很长,目标虽然在远方,但它不动,你可以一步步走过去,无限靠近它,这样你才有拥抱它、亲吻它的机会。

Chapter
03

给生活做减法，给精神做加法

宜自律，忌偷懒

给生活做减法，给精神做加法

一

高层次的人，懂得给生活做减法。

给生活做减法，就意味着摆脱外界纠缠不清的种种，把这些时间用来陪伴自己心爱的人，以及做自己认为更有意义的事情。

以前，我看到身边一些朋友对励志类的名人传记或"鸡汤文"嗤之以鼻。他们说，"鸡汤"没营养，读"鸡汤"的人很 low。我就想：我可不能读"鸡汤"，不能做很 low 的人，被别人看不起。

偶然的机会，我发现自己就是个"low 人"。因为我也会有意志消沉的时候，这时，我是需要"鸡汤"来"打鸡血"的。

你读的书越多，你就越会发现：无论是科学家、作家、政治家、企业家、教育家、军事家，还是实力派演员或歌手，很多知名人物其实都是"鸡汤"高手。

例如，企业家将企业的愿景、使命、价值观和情怀用文字凝练成企业文化，激发员工的工作热情。

马云经常讲一句话："今天很残酷，明天更残酷，后天很美好，但大多数人死在明天晚上。"

你说这是不是"鸡汤"？我才不管它是不是"鸡汤"，反正我每次听完，都热血沸腾。我的一位朋友在阿里巴巴任职，他的微信签名也是这句话。

其实，"鸡汤"的最大受益者，一定是那些写"鸡汤"和传播"鸡汤"的人。因为这些别人眼中所谓的"鸡汤"是他们的信念，是他们坚持下去的动力，是他们实现梦想的催化剂。

所以，要给自己的生活做减法。你无法缝上别人的嘴，但如果你为梦想努力时已经劳累不堪，就不要再背负别人评论的压力了。

给自己的生活做减法，不意味着你要放弃理想和目标。相反，是要更专注重要的事情。你有很多事要做，有很多追求，既要顾及这个又要考虑那个，但你的时间是有限的。

给自己的生活做减法，你要找出从长远来看对你而言最重要的事：什么事让你最为看重？你穷尽一生都想完成的 4—5 件事又是什么？

给自己的生活做减法，你要审视自己的追求：回顾过往，学习、工作、家庭、业余爱好、第二职业等，哪些是你最看重的？哪些是你最喜欢的？哪些属于你毕生追求的 4—5 件事之一？舍去那些与上述问题格格不入的答案。

给自己的生活做减法，你要审视自己的时间：你的一天是怎么过的？从早晨睁开双眼的那一刻到晚上你睡下，你的一天都做了哪些事？在大脑中列张清单，审视清单上这些事是否与你的终极目标一致。如果不一致，就赶快停止做这些杂事。重新设计你的一天，把注意力集中在你的终极目标上。

给自己的生活做减法，你要懂得简化自己的阶段性目标：如果你能力强悍，能同时打赢多场"战争"，当然好；但如果你能力有限，发现即便榨干自己也不能同时应付好几个目标，请简化你的目标。多个目标若不能完成，还不如只设立一个目标。这样不仅能减轻你的压力，还会使你更容易成功。你将全部精力集中在这唯一的目标上，会加大你成功的砝码。

给自己的生活做减法，你要学会拒绝：拒绝是简化生活的关键，不懂得拒绝，你就会背负很多自己不想、不愿，也不该背负的负担。

给自己的生活做减法，你要预留时间给自己爱的人：你最重要的4—5件事中，一定要包含和你爱的人相处，他们可能是你的配偶、孩子、父母、其他家庭成员或好朋友。花一些时间和他们一同做一件事，或是向他们敞开心扉。

二

给生活做减法的同时，也要给精神世界做加法。

读好书，虽然是亘古不变的精神给养的获得方式，但在今天这个知识爆炸的时代，读纸质书早已不是知识信息获取的唯一途径。

你读不进去的时候，可以听书（在路上、在运动时），虽然听书被很多人诟病，说它不是深度阅读，但学总比不学强。

我的观点是：持之以恒的深度阅读当然是最佳选项，但如果你只有3分钟的热度，那也要有3分钟的收获。

无论你是耐心读完一本书，还是以3分钟热度读或听了一个片段，都要记住：别不舍得花时间在学习上，学习从来都是长期投资。

如果你不更新自己，只能靠山吃山，最后坐吃山空；保持学习的习惯，你才能更胜任当下的工作，同时又拥有随时离开的能力。

给自己的精神世界做加法，聊天也是个不错的选项。

无论工作多忙，都应该花时间和人交流，尤其是业务交流。既可以是与工作相关的，也可以是闲聊。

与相关领域的牛人聊天，可以实现职业道路上"火箭式的提升"。

我想起刚开始当老师时，自己要花几个月才能想明白的问题，跟有30多年教学经验的尹延老师只聊了半个小时，就悟透了。人家蹚过的河和跨过的桥，比我走过的路还要多。

我作为一个初入写作圈子的新手，特别喜欢找各行各业的牛人聊天。跟知名作家李尚龙、宋方金、古典、卢思浩他们聊天，听他们金句频出，我瞬间思路开阔。

跟做企业的哥们儿聊天，我知道了他们创业的艰辛。跟注册会计师聊天，我拓展了自己审计和财务方面的知识。跟大学教授聊天，我更敬畏知识和学术。跟公司同事吃饭时闲聊几句，我大概了解了他的性格，之后工作中沟通更顺畅。

跟我妈聊几句，我既深刻体会了中国传统的农村父母的懒惰思想（这样写自己老妈貌似不太好），也深刻感知了母亲的爱。

你越是跟牛人聊天，越会感受到差距，压力满满、动力满满，收获也会满满。你可能要问：我太平庸了，身边也没有牛人，怎么进入牛人的圈子？

我的建议是：想进牛人的圈子，你得先成为一个牛人。因为比你牛的人，根本没空理你。

这样说，很扎心，但很真实。

你也别气急败坏，因为我还给你准备了两条建议。

第一，低质量的社交，不如高质量的独处。如果无牛人可聊，你可以读书、听课，与作者和课程讲授者进行隔空的思想碰撞与交流。

第二，参加一些自己感兴趣的社群课程、俱乐部活动、社团（可能需要你破费一下）等。这些地方，聚集着跟你有同样目标和追求的人，志同道合的人中必然不乏优秀者。

第一条建议是储备自己，第二条建议是拉近你和牛人之间的距离，牛人不在身边，你就要主动走近牛人。

如何对抗拖延症？

我小时候长得丑，没有懒的资本。为了博得家长的喜爱，我上学按时完成作业，回家还帮做家务，干农活儿。

长大后，觉得自己变帅了，就有了懒的资本。

当然，懒，跟生活环境、压力和从事的职业都有点儿关系。

最初，我在大学工作，同时在培训机构兼职。大学和培训机构都不坐班，日子散漫，生活压力小，虚度光阴中，拖延症上身。

曾经的我，小事小拖，大事大拖，一度成为"大型拖拉机"。

一时拖延一时爽，一直拖延一直爽。后来创业，转战竞争更激烈的行业，发现拖延是自己最大的敌人之一。

吃过太多拖延之苦的我，今天，分享一下具体的对抗方法。这其中一部分是我的经验所得，一部分来源于朋友和书本。

对你是否有效，我不敢保证。但如果你母胎拖延症20多年，总还是要试试，因为只有尝试，才有改变的可能。

一

先认识一下"拖延症"这一神奇"病症",目的是知己知彼,百战不殆。

心理学上讲,拖延症(Procrastination)是"自我调节失败,在能够预料后果的情况下,仍然要把计划的事情往后推迟的一种行为"。

三个关键词:自我调节失败、能预料后果、推迟。第一个词是原因,第二个词是条件,第三个词是结果。

个人认为,所有的自我调节失败,本质都是从"想到但没有立即去做"开始的,这是拖延的起点。

如果想到就立即去做了,就不会有后面拖延症的中晚期和"癌变"(无法治愈)了。

因此,对抗拖延的方法,首推"只要有念头冒出来,现在、立即、马上去做"。

今天的科技产品,已经可以帮助你实现大部分"想做就立即去做"的可能。

我上班选择坐地铁,如果有想要写的话题、灵光一闪的句子,我会第一时间在手机上记录下来,因为灵感有时只在一瞬间,错过了,下次就不知道什么时候出现了。

朋友推荐给我的书,我之前选择从网上买纸质版,可书到手时可能正好手头有事顾不上读,一放就可能没有后话了。现在,特别想看的书,我第一时间就去购买电子书阅读,因为我知道自己有拖延的臭毛病。

心理学研究表明:如果错过了"有想法就立即去做"的时间节点,

第二次再启动时，动力就衰减了，5天后可能就彻底提不起兴趣，再往后拖，你懂的。

在这一点上，古人用更精练的语言给我们进行了总结："一鼓作气，再而衰，三而竭。"

有时，想立即行动，但没有条件，怎么办？

没有条件，创造条件，只要你想。

你想健身，可以立即收拾东西去健身房挥汗如雨或去公园跑步。如果客观条件不具备，至少可以在工作或学习的间隙，在头昏脑涨时，去楼梯间做几个蛙跳或俯卧撑。

你想跟久未谋面的朋友吃饭，就立即打电话约一个下周的时间。如果他远在天涯海角，来一个视频"云宴"或"云喝酒"，也未尝不可。

很多想见的人，错过了，可能就再也寻觅不到了；很多想做的事，错过了，可能就再也没机会了。

二

危机面前，完美主义是最大的敌人。这不是说我们不应该追求完美，也不是说我们不应该在做事情之前预留时间想清楚怎么干，而是说对拖延症中晚期患者而言，不完美的开始也是开始，胜过一直拖下去，最终把事情拖黄了。

白岩松说："毁掉一个人最好的方式，就是让他追求完美和达到极致。"

出版方跟我约稿的当晚，我就坐在电脑前开始动笔，但写不出自己想要的文字，因为我对自己的期待还是蛮高的，既要文字风趣幽默，又要思想深刻隽永。结果憋了两个小时，写出的几行字，都不满意，最后全删了。

之后的一段时间，我选择用外界的诱惑来麻醉自己。逃避的花样，也是五花八门，有朋友喊我喝酒，就欣然前往；没人喊我喝酒时，我就主动组局喝酒。

一星期后，编辑小宋来催稿。小宋是个老实人，我也没扯谎，就回复说："一个字没写。"

小宋果然是个老实人，但老实人也有老实人的招儿。他回了一句"我明天再来催"，之后给我发了个红包。

我恬不知耻地打开了红包，5.2元。

第二天，小宋先发了一个红包，我又不害臊地打开了，这次是52元。小宋看我开了红包，立即发了个语音："石叔呀，实在写不出来，可以喝点儿酒，这样就有勇气面对了。"

小宋说的当然是玩笑话，但这也点醒了我：不敢面对自己的文字，不是因为写不出来，而是期待过高，老想着一动笔就写出一篇文章，惊天地，泣鬼神。

那晚，我喝了好几杯红酒，在书桌显眼的地方写下一句话鼓励自己：在危机面前，完美主义是最大的敌人。

我对自己说：你长得这么惨不忍睹，有什么脸要求文字一定要完美呢？

不完美的开始也是开始，做总比不做好。对拖延症患者而言，完成度比完美度重要。

心情轻松了好多，我又喝了几杯，啪啪啪一通敲键盘，脑中所想，如行云流水般倾泻在word里。

虽然那次写出的文字，今天读来依旧青涩，但至少道出心中所想，接受不完美的开始，总胜过"日以继日"的拖延。

今天，我脸皮厚多了，一直秉持一个不怕大家耻笑的信念——哪怕写出来的东西是"一坨狗屎"，我也会把它写完。何况有时还会发现，它并没有想象的那么糟糕。

后来，读余华的《我只知道人是什么》时，我被书中的一句话吸引："最好的阅读是怀着空白之心去阅读，赤条条来去无牵挂的那种阅读，什么都不要带上，这样的阅读会让自己变得越来越宽广，如果以先入为主的方式去阅读，就是挑食似的阅读，会让自己变得狭窄起来。"

我想，写东西也是一样吧。怀着空白之心的尝试，不设定目标和期待的开始，也是开始。

多数人开始的样子都是笨拙的，但不接受不完美的开始，又如何长成自己向往的样子呢？

哪怕你只有3分钟热度，也要有3分钟的收获。

学不进去的时候，就捏捏自己的大脸，告诉自己：学就比不学强，多学就比少学强，听课就比不听强。

拖延了很久的工作，期待太高无法推进时，就告诉自己：一口吃不成胖子，多向前走一步，距离目标就更近了一步。

接受不完美的开始，和追求最终的完美，并不矛盾。一个百米冠军的比赛，也是在枪响的那一刻启动，从0开始，速度是逐渐提升的。

在危机面前，对拖延症患者而言，行动胜过完美，完美是最大的敌人。

三

无论如何，要设定个期限，给自己一个 deadline（最后期限）。

不知道你们是怎么样的，反正我知道以前的自己是个什么德行：别说没 deadline 的情况，即便有 deadline，也会拖到 deadline 到来之前的那一刻才完成，因此质量很多时候就大打折扣了。

相信身为学生的你或你身边的同学，一定有过类似的经历：

明明有大把时间可以完成任务，偏偏等到最后一刻才动手；做一件事拖拖拉拉，不把自己玩虚脱了根本没法儿开始干正事；交论文拖到最后一分钟上交，生死时速的刺激；早早醒了，躺在床上磨磨叽叽好久后，匆忙洗漱飞奔出门，生怕迟到；考试的前一天晚上，啃完了一个学期没怎么翻的书本，第二天顶着黑眼圈去答题。

很多人说："是呀，我就是拖到 deadline 才行动的。母胎到现在，未尝有变，怎么拯救？"

首先，你需要践行前两条，在有 deadline 的前提下，想到了就立即去做，不要惧怕一个笨拙的开始。

其次，只有一个大的 deadline 还不够，要把一个大的目标分解成一个个小目标，让目标具体化、数字化、可执行。这样，一个大目标的 deadline 就变成了数个小目标的 deadline。

比如，你给自己设定了一个目标，一周读完一本书，这个 deadline，可以细化成第一天读第 1—3 章，第二天读 4—6 章……

然后就是"诱惑"自己完成，比如完成当天的任务之后，男生奖励自己去打会儿篮球，女生奖励自己去逛街，阶段性目标完成后奖励自己旅行。

同理，也可以用惩罚来逼自己，完不成学习任务不准睡觉，不允许做自己喜欢的事情等。

也有同学问："老师，我制订的计划总完不成，时间长了就很泄气，怀疑自己，怎么办？"

查阅了很多关于拖延症的文章和资料后，我想再强调一点：对拖延症中晚期患者来说，完成度比完美度更重要。

因此，如果目标太高，就应该调整。尤其不要在一开始时，就制订几乎无法完成的目标。

美国心理学家米哈里·契克森米哈赖在《发现心流》一书中写道：能力与挑战难度应该是相匹配的，挑战难度太高而能力不足会让人焦虑，而挑战难度低于能力时则可能无法激起兴趣。

挑战难度高于能力的科学比例，应该是 15.87%。以学习英语为例，理想的一篇课文，应该大约 85% 的内容是你熟悉的，15% 的内容（单词和语法）是你不熟悉的。

请你把上面的这段文字再读一遍，我想提醒的是：目标不是机械的，不是一成不变的，它随着你的能力提升在不断加码。

四

一边进步，一边鼓励自己，进行积极的心理暗示。

战场上，士气低迷的军队往往急需一场胜利来提振士气；拖延症中晚期患者也急需"完成一件事"来鼓励自己。

许多年前，我就是一个彻头彻尾的拖延症患者。后来，逼着自己改变，迈出第一步后，我就无比珍惜这种"做成事"的收获感，然后进行积极的心理暗示，"没有想象的那么难""专注做事的感觉很爽""继续努力，下次会更好"。

后来读的书多了，才发现我是在误打误撞中，使用了心理学中的"惯性定律"——任何事情，只要你持续不断地强化它，它终究会变成一种习惯。

而做事的愉悦感，就是米哈里·契克森米哈赖所说的"心流"。

总结一下对抗拖延的四种方法：

1. 想到就立即去做；

2. 接受不完美的开始；

3. 设置 deadline 并将大目标拆解执行；

4. 一边进步一边进行积极的心理暗示。

没有不可治愈的伤痛，没有不可结束的沉沦。白天好好读书做事，书中有你未知的世界；夜晚好好睡觉，梦里有你想要的美好。

以上这些是我的一点儿经验分享，每个人战胜拖延的方式方法可能不同。

欲成大事者，先破心贼。你要成为更好的自己，就从改变认知开始吧！

如何戒掉手机的瘾？

几个星期前，我换了新手机。

伴随新手机而来的是新鲜感、良好的用户体验、美滋滋的心情。因为新鲜，所以会在闲暇时尝试之前没有关注的功能。

前天晚上，我翻到了手机里的"屏幕时间管理"。

给大家汇报一下：平均每天，我在手机上花的时间有 7 个多小时，拿起手机的次数有 140 多次。

每天 24 小时，除去睡眠 8 小时后还有 16 小时，140/16=8.75。也就是说，醒着的时候平均每小时会拿起手机 9 次左右，大约每 7 分钟拿起手机一次。

这个数据让我细思极恐：像很多手机用户一样，我有限的时间和专注力被切割成了碎片！

当然，频率只能是一方面，有人可能一天只拿起了一次手机，但从未放下。比如：有个朋友说，自己最近在追剧，一追就是一天，连上厕所时手机都未曾离手。

意识到自己可能存在的问题后，我开始宽慰自己："你刷手机不只是玩，工作、学习、看书时也在用手机。"

其实，每个人的行为背后都有两个理由——一个高尚的借口和一个真正的动机。骗别人容易，骗自己更容易，骗这个世界很难，因为"屏幕时间管理"这一功能，还详细记录了你每个 App 程序使用占比。

当看到娱乐类 App 的占比最高时，我终于无法再欺骗自己了。

我又想到了我爸爸，50 岁刚出头的他，大脑并不迟钝，但最近在做菜时，烧煳了几次，还烧坏了两口锅，只因为在烧菜的间隙看了一会儿手机。

专注力，成为这个时代最稀缺的资源。

一

事实无法回避。我开始反思，逼问自己："为什么会这样？怎么办？"

首先，我尝试"以毒攻毒"：放纵自己刷手机一直刷到凌晨 2 点多，刷了很多微博、微信、朋友圈，以及抖音的美女、帅哥、美食、"鸡汤"、段子……

最后，我问自己："刷够了吗？爽吗？"

我回答："当时爽，之后是无尽的空虚。"

我又使劲儿捏了捏自己的大脸，质问自己："明明有那么多的事情想做、要做、必须做，为什么还刷手机？"

想起之前一位考研学生的分享：

"手机成为我学习最大的干扰，于是卸载了手机里一切娱乐 App，关闭了通知，但还是控制不住自己看手机。在同学的建议下，我换成了老年机。最后，我把老年机里的'贪吃蛇'游戏打了好几轮通关！"

如果你也是低头族，戒不掉手机的瘾，仅仅是因为手机好玩吗？

答案是：你拉倒吧！你人性中的软弱、懒惰、自制力差，才是根本。

《不可打扰》(*Indistractable*)这本书的作者尼尔·埃亚勒（Nir Eyal）认为："驱动人（做某事）的不是趋利就是避害。我们所做的一切事情都是为了逃避痛苦，因此时间管理就是痛苦管理。"

这句话告诉我们：戒不掉手机的瘾，根本不是手机的罪，是你主动寻找这些干扰，以便从眼下的痛苦中逃离。

那些让你暂时从痛苦中逃离的选择，像刷微博、看抖音、发朋友圈，然后再看别人给自己点赞，等等，都是你面对空虚和痛苦时逃避的手段。

但你我都要记住的是：几乎所有的成长都来自舒适区之外，有些所谓的"痛苦"，是必须要面对和承担的。

一个考研的同学，想要取得好成绩，就不得不面对那些背了忘、忘了背的英语单词和专业课知识点；一个在读的"研究僧"，头都快秃了，但依然要面对让自己一筹莫展的论文；一个母胎单身的大龄青年，在寂寥时，也要面对内心偶尔泛起的春潮和苦涩；一个几天前就开始动笔的文案写作者，有时也要面对找不到灵感的痛苦……

选择逃避痛苦，一时逃避一时爽，一直逃避火葬场。

二

分享几点我改变自己的方式吧！

我的一位朋友是职场管理的高手，按照他的建议，我尝试把要做的事情从"重要"和"紧急"两个维度进行了排序，分别是：

1. 重要且紧急
2. 重要但不紧急
3. 紧急但不重要
4. 不紧急也不重要

第一，强制自己一定要先完成"重要且紧急"的事情。

第二，坚持做计划，每天推进"重要但不紧急"的事情，否则就可能把"重要但不紧急"的工作拖成"重要且紧急"的程度，最后只能是疲于应付，无法得到自己最想要的结果。

第三，紧急但不重要的事情，委托他人去做或分担。

第四，完成了重要的事情，奖励自己去做一些不紧急也不重要但有趣的事情；如果有些事情不紧急也不重要还无趣，就让它滚！

其实，这就是可以在生活、工作、学习时用到的时间管理工具"四象限法则"。感兴趣的同学可以向你身边更专业的人士请教，也可以自行在网上搜索学习。

举个例子，之前，有同学问我："准备考研时，老想打篮球，而且一打就上瘾，耽误学习，怎么办？"

我的建议是："既然准备考研最重要最紧急，那就先完成当天的学习任务，然后再奖励自己去打会儿篮球。"

后来的他，为了能享受打篮球的快乐，逼着自己先达成学习目标，最后不仅考上了研究生，也没有因为考研失掉业余爱好。

还有人问："我总是完不成计划的学习或工作任务，因为注意力无法集中，怎么办？"

我试过的方法中，"番茄工作法"值得推荐一下。

以 25 或 30 分钟为一个工作单位，在这个时间段内，手机静音并放置于视线之外。然后告诉自己在这 25 或 30 分钟内，只专心学习或工作。

25 或 30 分钟之后，番茄闹钟响起，让自己休息 5 分钟，可以去倒水、上个厕所或伸个懒腰。休息 5 分钟后，再进入下一个学习或工作时间单位。

尝试了以上方法，第二天，我感觉自己对手机的依赖减轻了。

你试了之后或许会发现：不看手机专心学习或工作的一个上午，充实高效的成就感，更爽！

也许，会有人说："我就是死活管不住自己的手，怎么办？"

除了尝试刹手，还请你问问自己："现在做的事情，是你发自内心想做的吗？"

如果一个人不是发自内心想要做一件事，那么，他就无法改变自己的人生。

居家学习/工作时,如何保证效率?

一

无论是学习还是工作,都需要好的环境,好的环境能创造一种庄重的仪式感。

所以,你去教室、图书馆、自习室看书时,你所处的环境能让你迅速进入学习状态。

上课前,老师说:"同学们好,现在开始上课。"这是一种形式上的仪式感。

这几年,我在网上讲课,每次开讲前,我都会先放一段《大风车》的音乐作为上课铃,这也是一种仪式感。而且如果你曾经听过我讲课,还会发现,丧心病狂的我不仅会播放这个铃声,还会拍着手,和着音乐的节拍一起唱。

反正我每次只要打了这个上课铃,就能很快兴奋起来,进而激情四射地授课。

有仪式感的学习或工作,往往伴随着沉浸、高效和专注。

二

家和宿舍，有时不太适合学习或工作，因为很多人发现在家或宿舍根本学习/工作不进去，即使学习/工作了一会儿也是效率低下。

在家或宿舍里，都有个东西叫"床"。只要有床存在，结果就是"要么你想睡床，要么床想睡你"。

有时候，你远离了床，沙发替代了床，你还是摆脱不了"要么想睡，要么被睡，真正该睡时，又睡不着"的尴尬。

在家或宿舍时，还有个东西叫"手机"。只要有手机存在，结果就是"要么你拿起了手机，要么手机不知道什么时候自己跳到了你手里"。

有时，你放下了手机，但电脑或电视替代了手机，你还是摆脱不了"看书10分钟，休息1小时"的尴尬。

世界多姿多彩，充斥着诱惑的同时，也让注意力成为最稀缺的资源。很多时候，你缺的不是信息，也不是时间，而是注意力。

三

但有时候，我们必须选择居家或在宿舍学习（比如在新冠疫情隔离期或假期），这时又该如何确保专注和高效呢？

这几乎是每个成年人都会面临的挑战。今天，我用文字来分享一下自己学到的一些方法（亲测有效哦）。

建议1：学习和工作要有仪式感

居家或在宿舍学习时，浓妆艳抹，打扮得性感妖娆，是大可不必的。

但如果你整天都是一副邋遢的样子，甚至好几天也不洗头，好不容易有个看书的心情，思考问题时，摸了一下头，全是"脑油"……

请问，你还有心情学习或工作吗？

你的一天怎么过，大概一年就怎么过。

居家学习时，首先建议你准时起床，洗脸、刷牙后，穿戴整齐。至于是否略施粉黛，那就看是否需要视频露脸了吧。

不要穿着睡衣学习或工作。穿着睡衣确实舒服，但因为没有"外界信号"或"参照物"的提醒，你可能很难区分自己到底是生活状态，还是学习或工作状态。

居家学习 / 工作时，也要像去教室上课或去公司上班一样，换上能见外人的着装。

这种仪式感，会带你进入一个学习 / 工作的状态。

建议 2：创造学习或工作专属区域

避免在休息区学习 / 工作，同理，也避免在学习或办公区休息。

如果你家房间多（比如家中有书房），就把书房当作你的学习或工作场所。早上起床后，离开卧室，穿戴整齐，进入书房，就相当于你进入教室或公司开始干正事了。

当然，如果经济条件有限，没有书房，那就想办法开辟出一块学习或办公区域，比如在阳台上、厨房里或墙角边摆上桌椅。

如果家里还有其他人让你无法专心，除了直接打一架这种解决方法，还有个东西叫"降噪耳机"，你可以了解一下。

在远离温暖柔软的床或沙发之类的地方学习，营造学习或办公的专属环境，这是仪式感的延续。

建议 3：给时间打标签——休息、吃饭、学习或工作

好的人生状态，应该是该学时不辜负书本，该玩时不辜负青春，

该吃时不辜负美食，该睡觉时不辜负床。

因此，你需要给自己的时间做规划、打标签，在正确的时间做该做的事。

前一阵儿，我在这方面就翻过车。是这样的，我在家时，看着看着书，突然就想在沙发上躺一小会儿，躺下来就想打开电视或手机看一小会儿，休息一下……

然后，一个上午就过去了。

无法保持专注，这是居家学习或工作最大的挑战，但越是有挑战，也就越考验一个人。

像我这样的笨人，唯一的聪明之处就是知道自己不仅笨，而且自制力差。但日子总要继续，很多事无法拖延时，只能硬着头皮去找方法。于是，我去网上搜索，并筛选了自己亲测有效的方式，分享给大家。

简单来说，就是用一些类似"番茄工作法"的时间管理方法，来区分学习/工作和休息时间。

以 25 分钟为一个时间单位，在这 25 分钟内，要么只把手机作为学习/工作的工具，要么就把手机调成静音。在番茄闹钟响起之前，专心学习或工作。

25 分钟后，休息 5 分钟。可以伸展一下你的老腰，活动一下你的老胳膊老腿，或者响应一下"大自然的呼唤"，上个厕所。

然后进入下一个 25 分钟的学习/工作时间单元。

中午 12 点到 1 点可以自己做饭、吃饭、饭后休息。如果要午休，个人建议睡 20 多分钟即可。不建议午睡太久，因为一般情况下，午休时间太久就可能进入深度睡眠。睡得太香了，一个下午脑子都不灵光——就是那种你明明醒着，但还是睡着的状态。

下午可以看书、听课、学习或工作一直到6点或7点。下午的学习或工作结束后，如果想透气，就戴上口罩，到外面走走，感受一下远方春的气息。

晚饭后，可以继续学习或工作，也可以换上居家的鸡心领性感小秋衣或"卡哇伊"（可爱）的睡衣，结束学习或工作，进入居家休闲状态。

其实，给时间打标签，依然是仪式感的延续。

建议4：复盘总结和奖励机制

每天睡前，可以复盘一下当天的学习或工作任务完成得如何，规划一下第二天的目标。

在复盘中及时调整，切断干扰源。在不断调整中，总能摸索出适合自己的方式，没有谁一开始就能在居家学习或工作方面做到尽善尽美。

另外，有心机的同学在家学习时，可以让父母看到你的努力、你的改变、你的决心和你为梦想努力拼搏的样子，说不定你爸妈一高兴，直接给你发个大红包奖励一下。

虽然说我们都是具有高尚的道德品质、不易被金钱腐蚀的人，但偶尔享受一下庸俗的快乐，也没啥不好。

当然，也可能你在家学习时很努力展示给爸妈看，甚至把上面的这段话读给爸妈听了，他们也没有想用金钱来"腐蚀"你的意愿，你也不要怀疑自己是爸妈当年在菜市场买菜时赠送的。

毕竟你也老大不小了，管理好自己的学习，收获成长的快乐也是一件乐事。而且，你也可以在完成了当天的学习或工作任务后，奖励自己去做点儿喜欢的事。

四

你认真对待生活，生活也不会怠慢你。

两个孩子同时听相同的网络课程，一个穿戴整齐，背着书包去图书馆或自习室听课学习，另一个优哉游哉趴在宿舍的床上听课；一个端坐在电脑前听直播参与互动，一个睡眼蒙眬地开着几倍速听回放；一个认真记笔记再反复回放，直到搞懂直播中未能听懂的知识，一个只是听了一遍就以为自己什么都会了。

时间长了，你会发现，注重仪式感的前者要比随随便便的后者优秀太多。

你不认真对待生活，就等着生活来糊弄你吧。

我想，这就是一个男人向自己心爱的女人求婚时，一定要手捧鲜花单膝下跪的原因吧。

有仪式感的人，懂得认真对待自己的每一天。因为你的每个今天，都是生命中最年轻的一天。

有仪式感的人，懂得努力把平淡的每一天都过得精致无比。因为你的每个今天，都是生命中独有的一天。

有仪式感的人，懂得"work hard, play hard"（努力工作，尽情娱乐）的道理。即便偶有失落，但你在回首往事时，还是能看到仪式感在生活中留下的轨迹。

2020年，其实应该是很浪漫，很温暖，让人听起来就很欣喜的一年，但春天和爱还没有来之前，很多人却走了……如果万事开头难，那请你在结尾时一定要圆满！

永远不要停下前进的脚步

战胜焦虑最有效的方法

一

一个考研的同学说,她总是怀疑自己,总觉得自己能力差,本科学校不好,怕在面试时被导师歧视。

因为总怀疑自己,听课学习时就胡思乱想,无法专心。越是怀疑自己,压力就越大,怕考不上、怕失败、怕努力了还被别人笑话。

她问我怎么办。

我想了一下,这个问题不好回答。如果我鼓励她"要自信",其实就是废话。谁不知道自信很重要,问题是,怎么建立自信?

没自信时,一定不要强行说自信。多项实验表明:当一个人没有实力或能力不足时,越积极的心理暗示,反而越会造成意想不到的失落。

既然如此,咱们不妨换个思路:先暂时承认自己的不足。

有了这个前提,接下来,可以回答这位考研同学的疑问了。

你不是害怕自己考研不能上岸吗?胡思乱想、自己吓唬自己,是解决不了问题的。记住,解决任何问题的第一步都应该是:找出问题,认清问题。

与其怀疑自己、担心考研不能上岸,不如找到往年的专业课、英语和政治真题,按照考试的要求进行摸底自测。这样,你最起码知道自己当下的水平和目标之间的差距有多大。

如果差距不大,你担忧个啥呀?

如果差距很大,那就需要搞清楚自己究竟差在哪些方面,越详细越好。

比如专业课差,那就看到底是专业课哪个板块知识薄弱,然后赶紧学,一项项攻克。

比如英语差,阅读理解错得多。错得多的原因到底是词汇、句子还是做题方法?然后去背单词、理解句子、听课学,巩固正确的方法。

这样做,比盲目喊口号更有意义。虽然对自身的怀疑或不自信仍在,但最起码当学习任务变得明晰时,知道自己该干啥了。

当你每次解决了一个小问题,取得了一些小进步时,不要忘记鼓励自己。其实,让自己变强的最好方式,是一边进步,一边进行积极的心理暗示。毕竟,决定你人生高度的一定不是起点,而是努力之后可以达到的一个个终点。

二

我当辅导老师时,习惯每节课课后给学生留作业,久而久之发现了一个诡异的现象。

如果我要求提交作业的 deadline 是一星期后,那么最后交上作业的那些人中,很大一部分都是在最后一天晚上熬夜赶完的,而更多人则是在我要收作业的时候面面相觑,他们早就不记得还有作业这档子事了。

后来，我调整了一下策略，要求他们当天课后两小时内必须完成，然后通过微博提交作业给我。结果，超过 90% 的人都高质量完成。更好玩的是，他们不仅没有因为我的残忍逼迫而抱怨，反而表现出一副受虐的幸福感，夸我负责。

说来好笑，给他们一星期时间，还不如只给两个小时。你看，对待缺乏自律的人，最有效的方式不是规劝，而是约束，立好规矩，执行到位。

事实上，听网课最大的问题在于挑战自我的这种逆人性。有好多同学听课时，当天有事没看直播，准备第二天补回放，结果第二天又有事，准备第三天补一下前两天的回放，然后就没有然后了。

读一本书，也是类似的窘相。三天内读不完的书，后面再读的概率就越来越小了。

读一本书或听一门课，就像爱一个人，从一见钟情开始，到始乱终弃结束，都是不负责任的表现。

这样的日子久了，就进入了"自我怀疑—自我否定—再怀疑—再否定"的循环。

三

有时，你说自己太难了，但是向上爬的路，没有人会觉得轻松。

如果觉得难，你可以选择放弃考研、放弃努力、放弃坚持；但一旦选择放弃，也就放弃了重新选择的自由。

还是那句话，今天不努力争取自己想要的生活，明天就不得不花费更多时间，去应付你不想要的生活。

你说你压力很大，试问，哪个想考上研、想做成事的人没有压力？

战胜焦虑最有效的方法就是立即去做让你焦虑的事情。

有时，你抱怨家里人不赞成你的选择，你埋怨家里人不看好你。但话又说回来，家里人为啥不看好你？如果你每天一副玩命学习，不考上研、不干成事决不罢休的样子，用实际行动让家人看到你的努力和决心，即便他们不看好你，至少也会为你感动，不会拖你后腿。

另外，有些同学岁数也不小了，依然是一颗一碰就碎的玻璃心。考个研，还没开始学，就天天在想"考不上怎么办"。

有同学说："你说的道理我都懂，但还是控制不住自己胡思乱想的心，怎么办？"

我说："以后再有这种想法，就抽自己。轻微的物理疼痛，有助于保持大脑的清醒。抽完之后，还要告诉自己：要玩命努力，努力了一定能考上。"

他接着问："要是抽完了自己，还是控制不住自己怎么办？"

我说："那就别考了，该干吗就干吗去吧！"

对于劝不动的人，为啥还要死乞白赖地劝？光靠别人劝，有几个人能考上研？有几个人能干成事？

要么玩命努力，要么彻底放弃。

作为一个自然人，我自己也经常会有懒惰不想看书学习的时候，怎么办？除了捏自己的大脸，我还经常劝自己，学就比不学强，多学就比少学强，学不进去了就去听书、听课、听演讲，反正尽量不闲着。

我始终觉得，人的很多烦恼都是闲出来的。

当你不够努力时，自然会把时间花费在各种胡思乱想上；当你不够努力时，该想的、不该想的，都会成为烦恼。

当你榨干自己时，哪还有时间和精力怀疑自己？

方向对了，努力才有意义

当老师这些年，看到过无数的学生，不是不努力，而是方向错了。每次看到这样的同学，我都会温柔地说一声：活该你那么努力，就是不成事。

曾经有同学跟我抱怨说，自己很努力，但越努力越难受。因为这几天他做一篇阅读理解时，成功绕过了5道题之中的4个正确答案，于是心有不甘，又做了一篇，这回全错了。现在他学得要崩溃了，问我怎么办。

我说，一篇阅读理解，如果5道题，你能稳定错4道，说明你的问题不只是词汇，做题方法一定也是有问题的。不听课学方法就猛做题，就是用错误的方法刷真题，结果只能是把错误的方法练得无比娴熟。

如果方向错了，一切努力都没有了意义。

一

写这个话题时，我想到了自己当年在高校教书的日子。那个时候，我住在学校附近，周末时，经常去高校的自习室看看书，一是有氛围，二是让自己尽量多接触年轻群体，保持活力。

一天，我走进一间考研自习室，找了一个座位坐下准备拿出刚买的书看，结果旁边一阵低沉的声音传来。我扭过头去，看到一个同学正在双手抱头，口中念念有词，虽然听不清这哥们儿究竟在说什么，但他专注的神情一下子吸引了我。

我走近几步，在他旁边的座位坐下来，发现这个小伙子正在低头看一本考研的词汇书，嘴中念的正是考研词汇。

我仔细听了一下，他正在背的一个单词是"abandon"，节奏是这样的："abandon，放弃，abandon，放弃，abandon，放弃……"

一个单词重复十几遍之后，再继续下个单词。他背得如痴如醉，我听得既如坐针毡，又哭笑不得。

大概过了5分钟，他口干舌燥，伸手去摸矿泉水瓶时，抬头瞥见旁边还坐着我这样一个大活人，他一脸诧异。

我微笑着向他示意，说："同学，能跟你说几句话吗？"

他问："你是谁？"

我说："一个老师。我觉得你的学习方法有问题，方便到走廊里交流一下吗？"

小伙子擦了擦眼角的眼屎，仔细看了看我，大概确认了我应该不是个骗子，不情愿地说了声"好"，然后跟我走出了自习室。

当老师这么多年，我养成了"多管闲事"的职业病，看到不正确的学习方法时，总忍不住要纠正一番。坐高铁回家时，给偶遇的直销小姐姐讲英文的产品说明；坐飞机出差时，给同排座的带队导游讲发音；坐出租车时，教给司机师傅简单的英语对话。

那次，我像一位慈祥的妈妈，先告诉他在自习室发出声音背单词，容易干扰别人，之后又细心给那位小伙分享了背单词的方法——语境记忆、词根词缀记忆、结合"艾宾浩斯记忆曲线"进行重复等。

我不是吃饱了撑的没事干，而是不忍心看着一些同学在错误的方向上做这么多无用功。

如果方向错了，一切就都错了。我们需要的不是感动自己，更不是感动上帝，而是用正确的方法做正确的事情。

那天，我们还在微博上互粉了一下，他才知道我是一个小有名气的老师。一年后，他考上了研究生，在微博上分享了录取通知书给我。

二

我还认识一个姑娘，她是我见过的最勤奋、最努力的人。

她在一家国企上班，工作压力不大，收入稳定，偶尔也会加班，看起来日子过得很轻松。但她说这样的稳定并不是她想要的生活，她要努力学更多本领，获得更多领域的成功，所以她把所有的业余时间都利用起来了。

她报名了英语口语课程，在听会计证的考试培训，还在准备考驾照。总之，每天下班后，你如果给她发微信，她总是回复："在忙，一会儿回复！"因为她要么是在去听培训课的路上，要么就是在听课，要么就是在听完课回家的路上。

如果你有机会去看她的朋友圈，一定会很受鼓舞。

当你睡了个懒觉，睁开眼看见日上三竿时，她已经在朋友圈晒出早上4:30起床后的打卡；当你深夜无聊刷着朋友圈玩的时候，她在朋友圈晒出了自我鼓励的话语："再坚持看20页书，梦想还是要有的，万一实现了呢?"

她真的很刻苦,朋友圈里你能看到她的各种打卡:坐地铁时坚持看书;走路时也戴着耳机,要么听课要么练听力;没有星期日也没有节假日,甚至没有时间谈恋爱。

累得半死,眼皮抬不起来了,她发个朋友圈,告诉自己:"又看书到 1 点了,但我不能睡,看完这章之后才有资格睡觉。加油!"

她看上去实在是太拼了,朋友圈里 N 多人都在为她点赞,她也时常感动于自己的勤奋。

这么努力的姑娘,是不是变得越来越厉害了?

事实上,她英语一直在学,但在见到外国人时,还是一句话说不出来;驾照考了五次还没过科目三,只得重新交钱接着考;会计证跟她同期的学员都拿到手了,她还有一个科目没过。

那天她又发了一个朋友圈,大致意思是:为什么自己如此努力,还是什么都没有得到,而别人不费吹灰之力就得到了?为什么自己的好运气总是迟到?

很多人留言鼓励她加油坚持下去。

我也给她留了言:"当你困得要死时还在咬牙坚持学习,究竟是在浪费时间还是在珍惜时间?"

后来她向我诉苦说,半年来她很拼但感觉很失败,生活也搞得一团糟,每天挂着黑眼圈,脑门上顶着因熬夜长出的痘痘,常常自己感动到哭,但依然一无所获。

她问我怎么办,如果继续这么下去,她怕身体吃不消,但如果放弃又觉得对不起自己。

我想了一下,回复了她三条建议:

1. 当你能力强大时，你可以同时打赢两场甚至多场战争；但当你能力不足时，你的选择就大于努力，什么都想要，最后可能就什么都得不到。不妨尝试舍弃一些选择，这不是不努力，而是让努力更有价值，因为有结果的努力才会更持久。

2. 不要只是看起来很努力。实在坚持不下去了，发个朋友圈鼓励自己没有错，但每次的努力都发朋友圈实在没必要。发朋友圈可以记录自己的奋斗，但不要像微商一样天天发，你又不是要在朋友圈贩卖自己的努力。

3. 我的好朋友尹延老师经常说："一味的努力远没有正确的方向重要。"如果你很努力，但好运始终迟到，请一定反思方法。你要学好英语口语，最好的方法不只是学，而是用；你想考下会计证，开始除了听课，还要吃透每一道考过的真题，虽然真题不大可能原题重考，但吃透真题就意味着你的知识体系搭建起来了，这时你就不会惧怕任何考题了。

自我感动是这个世界上最不值钱的东西，无论是对待爱情、工作还是生活，自我感动的努力就是自我欺骗。你骗自己容易，但骗不了别人，结果更是谁也骗不了。

与其努力到自我感动，不如在每一天的努力开始前先找准方向，更要在每一段时间的努力之后及时反思，调整方向。

毕竟，如果方向错了，之后的一切努力便真的没了意义。

方向对了，剩下的才是坚持；方向对了，努力才有意义。

你的无聊时光，用"主动式休闲"填充

你有过这种体验吗？

专注地做一件事，一小时不知不觉就过去了。你的精神高度集中，目标专注，烦恼都被抛诸脑后，有一种高度的兴奋感。

米哈里·契克森米哈赖在《发现心流》中说，这样的你就停留在"心流"时刻。

你想到了什么？很多男生想到了打游戏，而女生想到了逛街。

我想到的是童年时追过一部神剧——《亮剑》。剧中，云龙兄的粗犷很对我这种略带野性的男人的口味。看这部剧时，我连吃饭喝水都没舍得停，甚至连厕所也舍不得去，实在憋不住了，就一路小跑去解决。

很多人感叹学习无聊。那么，问题来了：能否让学习、工作和生活变得有趣一些，就像打游戏、逛街和追剧一样？

一

做一件事，如果能沉浸其中，那就是令人享受的。

沉浸时，你的内心感受到的是永恒、一致、愉悦、集中和直接，这些感觉都是"乐趣"的特征。

我是一个普通得不能再普通的人，但也会邂逅这种"沉浸"的状态。

中学时，有个关系特别铁的哥们儿，他家曾开过一段时间的书店。闲暇时，我会跟他一起去帮忙看店。虽然不给钱，但好处是各种书都可以读，当时看得最多的是武侠小说。纸质书提供了阅读的舒适感，曲折的情节勾着我一直想读下去。当一个人沉浸其中时，书与灵魂就是合拍的。唯一的坏处，就是我看得过于投入，像一个木头人一样杵在那儿，书店的书被人偷走好多。

工作时，每次面对一批新生，带着对他们的好奇心，带着想用知识讲授来获取他们信任的挑战来授课，在这个过程中，我偶尔也会进入沉浸、享受的模式，尽管有些课程实际上已经很熟悉了。

查阅相关资料后，我发现，可以帮助人进入"心流"状态的活动，一般都有几个特点：第一是目标明确、节奏单一；第二是能得到及时反馈；第三是能力与挑战难度相匹配。

如果一件事同时具备上述三点，人在做这件事时注意力便会集中，逐渐进入心无旁骛的状态。"心流"产生时，自我意识消失，投入感更强烈，时间感产生扭曲，只觉得时光飞逝，瞬间已过数个小时。

这样的状态，不论做什么事都会成效显著，生活本身就会变成享受。

补充说一点：所谓的"能力与挑战难度相匹配"，意思是挑战难度太高而能力不足，会让人焦虑（比如一个无论如何都无法通关的游戏，或者陪女友购物但自己卡中没钱）；而挑战难度低于能力时，则可能无法激起兴趣（比如让你跟幼儿园宝宝打篮球比赛）。

科学研究说，这个挑战难度大于能力的比例应该是 15.87%，而且这个数据，是科学家模拟生物大脑的神经网络实验得出的。

简单说，你应该选择做这样一件事：大约84.13%你已经掌控，但还有15.87%的提升空间。

"兴趣＝熟悉＋意外"，选择做可驾驭（熟悉）但略带挑战性（意外）的事，会让人越做越爽、越来越喜欢、越来越投入。

比如说学英语。最理想的一篇课文，应该是其中大约85%的内容是你熟悉的，15%的内容（包括单词和语法）对你来说是新的。

学数学，每一个新知识都是建立在旧知识的基础之上；这一讲中最好有大约85%的操作是你本来就会的，15%是新技巧。

读书，最理想的情况是书中大约85%的内容让你有亲切感，另外15%的内容改造了你的世界观。

二

米哈里·契克森米哈赖将"心流"称为"日常生活中的最优体验"。在该书中，作者也分享了"心流体验"的方法。

1. 把学习/工作当游戏

学习/工作时，若能具有明确的目标，得到迅速即时的回馈，挑战与能力相当，让你感觉一切都在掌握中，并维持相当的专注力，当时的感受将无异于亲身参与一场球赛或艺术表演。

你可以自主定义目标，创造自身成长的价值，让学习/工作目标可量化。把大目标拆解成几个小目标，调整任务的难度；同时，改进学习/工作的流程，找到适合自己的省时高效的方式。

比如，你要考研、要背单词，但自己坚持不下去。此时，你就应该重新选择实现目标的途径，因为不是只有背单词才算学习，选择听一门课也算学习，也可以达到目标。然后，再把听课的目标拆分成几个小目标：听完、听懂、掌握（自己给自己或给别人讲一遍能讲明白）。

再比如，改进学习/工作的流程：在效率最高、脑子最清醒时，处理最难、最不想学的科目，啃最难啃的骨头；在效率不算太高时，学自己感兴趣的科目，处理不是很头疼的工作。

2. 创造好的生活体验

让主动式休闲填充你的休闲时光，生命体验就可能大幅提升。

有人不禁要问：难道休闲的时光也需要刻意设计吗？没错。除了工作，人还要有1/3的时间用于休闲娱乐，但是很多人没有也不知道怎么好好利用休闲时光。这也是生活无趣的原因之一。

什么是主动式休闲呢？就是那些需要动些脑筋、花些心思才能享受到乐趣的活动。比如下棋、看书、烹饪、打篮球、学习制作视频、画插画、布置房间、给自己化个精致的妆容再精修照片发朋友圈……这些都是主动式休闲。

主动式休闲的主要特点，就是要有一些挑战或难度，需要你一直投入精力。下棋时需要琢磨每一步棋的走法，看书时需要反思书中的道理你是否信服，做菜时要掌握每一步的火候，打篮球时是体力与技术的对抗……

人一旦陷入漫无目的的休闲，就会变得无目标可追寻、无朋友可互动；这时，你的注意力和动机便会开始消散。一旦心念分散，就容易钻牛角尖，想一些根本无解的问题，徒增自己的焦虑。更可怕的是，你开始不自觉地寻找可以扫除心中焦虑的外界刺激，例如看无脑的肥皂剧、纵情声色或赌博、酗酒等。这些会带来短暂的兴奋,但长时间后,残存的更多是郁闷、惆怅的感觉。

无聊、无趣、无味的生活,其实都是漫无目的的结果。

改善生活品质的关键在于规划日常生活,找到能够帮你获得有益体验的活动,开发一些能够让你沉浸其中的爱好,增加这部分活动的时间。

3. 人际交往中共享目标

如果你愿意,把你规划的主动式休闲目标分享给家人、情侣和朋友,未尝不是一个不错的选择。与家人、爱人或朋友共享一个目标,收获彼此的及时反馈,未尝不是一个发现他们身上与众不同之处的途径。

写这篇文章的前一天,我结束一天的工作回到家后,没有再刷手机,而是下载了一个烹饪的App,并在我妈的指导和帮助下,尝试做了一道菜——胡萝卜玉米炒虾仁。虽然赶不上饭店大厨的水准,但我乐在其中。

更关键的是,我选择了"主动式休闲",正处在更年期的我妈不仅没有再diss我,反而破天荒夸了我几句。我想,指导我做出一道好吃的菜肴,她也成就感满满。

所以,亲爱的你,如果可能的话,与身边的人一起,用"主动式休闲"来填充你的生活空白,进而找到自己的"心流"并获得最优的生活体验。

克服人性的弱点,从戒掉"懒癌"开始

人性是有弱点的。比如,我一直很清楚自己人性中最大的弱点,就是"懒",其次才是"天真纯洁"略带一点点"骚气"。

所以,前不久,当我开始读《人性的弱点》这本书时,我畅想的是:通过阅读这本书,汲取"鸡汤"的营养,戒掉身上的"懒癌"。

但当我看到封面上的英文标题时,我知道我错了。因为它的英文标题是"How to Win Friends & Influence People",即"如何赢得朋友并影响大众"。

提高为人处世的能力,帮助读者在社会、社交生活中游刃有余,才是该书的精要所在。

一

我的社交圈子不大,但交往的挚友和"损友"中,有几位是非常受欢迎的人。

因为日常接触得多了,所有的交往看起来都是习以为常的。然而,

直到读这本书时，我才突然意识到：每个万里挑一的有趣灵魂，都有着一套自己的处世哲学，而且是"great minds think alike"（英雄所见略同）。

作者戴尔·卡耐基在书中谈到，人性中最深层的动力是"对重视的渴求"。

我之前的领导就深谙此道。记得2015年我刚试水线上讲课时，虽然每次公开课讲得也不咋的，但领导还是真心实意地感谢我的辛劳付出，还夸赞我点燃了听课学生买课学习的热情。

但并不是每个人都洞悉这一点，比如半年前，一个领导当面跟我说："别看石雷鹏你表面上看起来有点儿火，实际上也是很low的。"

听完，我无语地笑了笑，心里默默说了句："你个弱智！"之后，工作的热情荡然无存。

是呀，再好的朋友也经不起你过分的直白，因为每个人的人性深处，都强烈渴望着他人的欣赏。

相信这个道理大家都懂。可很多人就是因为觉得自己什么都懂，反而从来不去想自己是否真的在生活中应用过。更有甚者，总是一副高傲的嘴脸，说："我长得这么好看，凭什么去夸别人？"

所以，亲爱的你，在你与舍友、朋友、同学、同事、恋人或家人相处时，是否经常发现并真诚赞美他们身上的优点呢？我相信，这个世界上，极少有那种十恶不赦，让你根本无法发现优点的人。

二

"赢得争论的方法只有一个，那就是避免争论。"卡耐基如是说。

很多年前，我并不明白这个道理。当时年幼的我，喜欢随意评价、指责甚至训斥别人；现在想来，自己真是无知、可笑。

记得刚上大学时，同住的几个舍友晚上喜欢卧谈，谈论一些男女情爱话题和场景，令我备感烦恼。

有一次，他们谈论到凌晨1:30，仍然意犹未尽。怒火中烧的我，大声斥责他们怎么如此污秽不堪。

结果呢？他们根本就无视我的存在，反而变本加厉，还对我进行讽刺和打击。当然，对于他们的讽刺和打击，我也没当回事。后来，我也就习惯了，偶尔还参与一下讨论。

争论中，或许你能驳倒别人，但很多时候，对方并不会因此而改变自己的想法。

事实上，争论和分歧是好事，因为它可能帮助你避免犯错。就像一句话说的那样："如果两个合作伙伴总是意见一致，那么其中一个就没有存在意义。"

因此，你要先学会聆听，给别人说话的机会；再去思考对方的表述中你认可的部分，告诉他你的认可，但请对方给你一些时间去思考，并找出争论的症结所在。

写到这里，我想给恋爱中的情侣提个建议：开始恋爱时，记得定个规矩——如果你们吵架，一个人发火时，另一个人必须听着。如果两个人都在叫嚷，就不是沟通，而是噪声。无论对对方多么不满，都应该遵守这个约定。

这样的约定，其实也适用于其他人际交往的场合。

三

《人性的弱点》一书写成于1936年，那个时候，我们还是飘浮在天空之中的一缕青烟，所以，书中所引用的多数案例，会让出生于20世纪末21世纪初的我们深感陌生和遥远。

久远的年代感，使得该书读起来没有那么浓郁的"时代气息"，但这不是局限性，更不是缺点。

有人不屑读这类书。比如，当我在微博上说自己在读该书时，有网友说："看书还得看专业书籍，术业有专攻，不要读一些所谓的成功学，无用的'鸡汤'，浪费时间。"

这样的评论，我觉得也不是毫无道理。但某本书对自己是否有用，总得先去读，读了才知道合不合自己的"胃口"。

更可怕的是，生活中有的人并未真正读完某本书，只是随手翻了几页，就说："一般般！"

我想，这可能就是很多人从未真正读完一本经典著作的原因。经典读不下去，可能不是因为书写得不好，而是读书的人"笨"，理解能力有限，抑或是定力不足而已。

有时，读书和谈恋爱确有相似之处：一时兴起后翻看两页便束之高阁，和一见钟情后甜蜜几日便爱搭不理，都是"渣"。

寥寥数语，远未能道尽书中所言。我边读边记，写了点儿杂感与大家分享，一是提醒自己学以致用，二是记录生活的点滴，等我110岁时再翻看今天的文字，或许能追寻到自己当年的青春气息。

Chapter 04

有的人，
　　爱着爱着就不爱了

宜勇敢，忌怯懦

不在精神世界共同成长，就在现实世界形同陌路

一

前些日子，在微博上，一个年轻人@我好多次，我忍不住点开看了一下。

结果发现，这哥们儿一直在声讨我，说他的对象听了我的课后，要跟他分手。

看到第一句话时，我吓坏了，没想到自己的课居然还有如此的魔性——能够把一对情侣给搅黄了？

于是，我去一条条扒拉他的微博，才搞明白事情的原委。

我某次上课时说，最好的情侣应该是思想上的门当户对，恰好他对象在听。然后，他对象觉得他不够上进，就劝他学习。

他自己虽然知道对象是为了他好，但就是自控力太差，管不住自己，老想玩。对象劝了好几次，还用分手威胁了好几次，最近这次真的把他微信删了。

他觉得我是导火索，导致对象要跟他分手，质问我：为什么要这么

干？还问我他该怎么办。

二

我一边笑，一边开了一罐啤酒，给自己压压惊。

我捏了捏自己的小脸，开始了自问自答："冤不冤？冤，比窦娥还冤！"

对呀，我觉得那个女孩儿太善良了。如果我是个女孩儿，大概不会跟一个不求上进的男孩子谈恋爱。

谈不谈恋爱，是人家的自由选择，跟我有啥关系？

即便她真是因为听了我课上讲的一些话就萌出了分手的念头，也不能让我对你们的分手负责。我只是分享了一个我的观点——情侣间思想上的门当户对才会长久。

你问我怎么办，我说以身相许，你敢接吗？我敢说，你也不能当真呀。

至于你自己该怎么办，是接受现实还是努力做个上进的人，这就需要你自己决定了。

三

亲密关系中，如果你一直都是被拉着走的那一个，对方终究有一天会累得拉不动，那时大概就是你们关系结束的时候了。

所以，如果你有一个催着你学习进步的女朋友，你应该立即跪在地上，感谢上天把这么好的女孩儿送到你身边。

当然，你也不能只是感谢就完事了，没有行动，你拿什么让人家继续爱你呢？分享几条建议给有着类似经历的恋爱中人吧。

建议 1：

如果对象把你删了，说明她真生气了（无理取闹除外）。

你要知道，恋爱中，女孩子当你的女朋友，是很不容易的，有时候，她不仅是在跟你谈恋爱，她还扮演着你妈妈的角色。

你要珍惜，因为恋爱中很多女孩子都很幼稚、单纯，甚至傻乎乎的，她们以为只要是真爱，就能让对方为爱改变。

但结果怎么样？

那些在恋爱中尝试改变对方的人，均以失败告终。更残酷的是，有可能一片冰心，碎得满地。希望和幻想越多，失望也就越多。

所以，如果你有个好对象，自己就别老跟小屁孩儿一样，还得对象催着、管着、逼着去学习。

很多时候，你的对象希望你优秀，不仅是为了你，也是为了你将来能让她拿得出手呀。

如果你自己不争气，就别怪人家不客气不要你了。

建议 2：

如果你还想挽回，第一，想尽一切办法把对象追回来；第二，她听什么课，你就跟着一起学，每天还要跟她交流、请教问题、交流学习心得，为了爱，装也得装下去；第三，可以打游戏，前提是完成了对象布置和自己制订的学习计划，奖励自己玩一会儿。

Work hard, play hard. 要爱，要学，也可以玩。

四

一对情侣，如果不能在精神世界里共同成长，迟早会在现实世界里形同陌路。

所以,记得在你要学习时,拉一下你爱的人。

如果拉不动,别生气,放过自己也放过对方,你会更轻松。

同理,你想偷懒时,也想一下那个在前面等你、爱你的人。

美好的生命,是有事做,有人爱,有书读,有问题思考,有选择的自由。

删了吧,那个"爱而不得"的人

一

有人说:"每个爱情故事的开始总是灿烂如花,而结尾却又总是沉默如土。"

我的好朋友,一位在北京读书的成都姑娘,和前任和平分手了。前男友提分手时,就在微信上说了句:"感觉不喜欢了,咱们暂时分开吧!"

姑娘回复了一个"嗯",之后是一夜哭泣。

就这样,没来得及告别,也没有再见面,他们就分开了。

后来,承受着失恋痛苦的姑娘决定考研。在日复一日的听课学习和紧张备考中,慢慢地,姑娘感觉自己对这份情感释怀了。但每次发朋友圈时,前男友都会点赞,他一点赞姑娘就会想很多很多。

姑娘的心情,就像原本平静的湖面,突然掉进了一块小石子,荡起层层涟漪,但就是这小小的涟漪也总是要过一段时间后,才能归于平静。

姑娘问我:"怎样才能斩断情丝?"

我说:"一个合格的前任,应该像死人一样消失在对方的世界里。"

姑娘又说:"舍不得。即便删了,心里也忘不了,怎么办?"

我说:"既然选择了分开,即使你暂时无法删除记忆,无论如何,也要向过去的自己做一场告别。在这样有仪式感的告别中,你要说再见的不是他,而是过去的自己。"

姑娘听完后,默默流泪,拿起手机,打开微信后,把手机递给了我。

我接过手机,问:"是这个吗?"

她默默点了点头,我帮她按下了删除键。

又过了几天,姑娘发了一个朋友圈:"在我终于下定决心删除了我和他的照片之后,觉得好后悔,我为什么要删除呀?我可以留着老了当个回忆。其实,照片可以留着的,自己别看就行了。请大家劝劝我!"

第一条留言是在传媒大学读书的姑娘发的,她说:"删了吧,留着全是祸害。"

下面是整齐划一的留言:"删了吧,留着全是祸害。"

有人说,经历过感情创伤的人,都有一种切肤的体会——爱是有惯性的,明明知道已经无法挽回,但就是放不下,即便删除了对方,还是会偷偷查看他/她的微博,了解他/她的动态。

可是,你即便了解了,又能怎样?

如果删了,还是会想,祸害依然在,怎么办?

没有答案,这个问题只能交给时间了。

二

一年后,成都姑娘考上了研究生,几个朋友相约在朝阳门的悠唐吃一顿重庆火锅,给她庆祝一下。

聚会时，那位传媒大学的姑娘也来了，对，就是留言的那位，她叫琪琪。

对于感情问题，劝别人时，总能说得头头是道，但事情发生在自己身上，就是另一番窘迫了。这次聚餐，我们才知道，在琪琪给成都姑娘留言之后的一个星期，大学相恋四年的男友，在毕业之际与她分道扬镳了。

分开之后的一年里，琪琪苦不堪言。失恋的感受，经历过的人都知道：每天都像是行尸走肉般失魂落魄。

那阵子她在工作上也总是出差错，老板多次找她谈话，最后工作也丢了。

爸妈安慰她，还拜托亲戚朋友给她介绍男朋友，她统统都拒绝了。于是她没有工作，也不想出门，每天待在家里。

她说，心里苦闷时，就用大吃大喝来消解；半年胖了20多斤，不护肤不化妆，看上去简直跟鬼一样。

一个曾经爱美爱化妆的精致女孩儿，现在却哭着说："没有他，我打扮给谁看？再瘦再漂亮有什么用？"

手机里，与前男友的合影一张都舍不得删，她还天天拿出来看，看着看着就哇哇大哭。

她一个人无数遍走过他们曾经牵手走过的定福庄东街，还有那些牵手逛过的小店、公园、电影院。

因为太想念前男友，在分手一个月后，她大晚上一个人去了他的住处，那时就想好了，要拉下面子去跟他和好，因为她受不了这样一个人，感觉真的不能没有他。

但敲了好半天门都没有人开，最后还是邻居开门出来告诉她，人家早就搬家了。

于是，琪琪拿出手机拨了他的号码，但是系统提示是空号。那一刻，她瘫软在地上，捂着脸哭起来。

他们在一起的第四年的春节，琪琪的新年短信里就说想要嫁给他，而他回复，将来一定会和她结婚，以及在哪儿买房子，房子怎么装修，每年去哪些地方旅行。

但是，她没有等到毕业后的结婚，却等到了分手。

毕业前的那段时间，他们经常吵架，而他也没有像以前那样哄她了，最后竟然莫名其妙地提出分手。刚开始她还是带着赌气意味，忍住没有找他，可是一天天过去，他也没有再来找她，她就慌了。

最后一次见到他，琪琪本以为，只要她主动一点儿，就会像往常一样没事了。

可是，他还是很决绝地说："分手吧，分手吧，我们性格不合适。"琪琪傻在原地，看着他的背影一点儿一点儿远去，消失在人海中。

那天的聚餐，本来是为了庆祝成都姑娘考上了研究生，但一顿饭下来，所有人都没吃几口，因为琪琪依然沉浸在失恋的痛苦中。

人世间，有些事，巧得躲都躲不开。

饭后，大家一起走出位于四层的火锅店，却在一层偶遇琪琪的前男友。

那一刻，他站在下楼的扶梯上，旁边还跟着一个女生，他牵着那个女生的手，低头看向女生说："累不累？还想不想吃什么？"

然后女生看向琪琪前男友说："老公，让我想想吧！"

再仔细看，才发现女生是个肚子隆起的孕妇。

听到"老公"两个字，琪琪边走边哭，绕道躲开了。

据说，那天在商场的卫生间里，她看到镜子里的自己：人胖了好多，皮肤灰暗。都是因为前男友，这一年里，她虚度每一天，工作没了，人又胖又丑，只知道哭，而他却……不仅结婚了，还有孩子了……

看到他宠溺那个女生的眼神，那一刻琪琪才意识到自己有多傻，为了一个不可能的人一直在自暴自弃。

也就是在那一刻，琪琪释怀了。

那天，琪琪在自己的朋友圈发了一句话："今后的人生，一定要做好两件事——努力和爱自己；不快乐就是因为你没有好好爱自己，还常常因为别人消耗着自己。"

三

有的人，可能终其一生都在治愈"爱而不得"的伤痛。有人是彻底删了，也有人是删了又放不下，于是重新加了回来。但无论删还是不删，自己心里都知道：回不去了。

不是说那个曾经进入你灵魂的人，现在连朋友圈都进不去了，而是一别两宽后，需要的是各自欢喜。

有的人，爱着爱着就不爱了

"不公开的恋爱，难受。"

琳子回想起两年前结束的爱情，忧伤的眼神中，写满了委屈。

"刚开始时，觉得没什么，后来发现根本就是很在意。每次小心翼翼地约会，都好像见不得光；有次，同学说看到我和他一起去喝烤奶，我还得告诉同学说：'其实，我俩没什么的。'"

久而久之，就会觉得很委屈。

这就是琳子的初恋。

他们认识时，琳子读大一。他是同专业大三的师哥，两人在一起时，没有公开，因为他是琳子班的班助（班主任助理）。

家境不错的琳子是个精致的女孩儿，爱笑，笑起来会露出两个小酒窝，还有小虎牙。每天上课前，她都会打扮一下，这样在教学楼里碰到师哥时，自己都是最好看的样子。

周末时，两人约会也是坐地铁到距离学校很远的商场去逛街、吃饭、看电影；也只有那个时候，两个人才会手牵着手，像正常情侣的样子。

师哥的女生缘是极好的，在他微信朋友圈的评论区，琳子总会看到一个同专业师姐在点赞，也会注意到他们之间的评论互动。虽然心里偶尔感觉不舒服，但琳子从没有像其他情侣那样，查看对方的手机或要求互换密码，登录彼此的社交账号。

寒假时，因为是异地，两人作息又不完全一样，所以，有时琳子发出的信息，他两个小时之后才回，有时候干脆就不回⋯⋯

寒假结束后的大一下学期，他们就分开了。也不知是距离打败了爱情，还是他们之间的爱情本身就是脆弱的。

分手时，师哥说，两年后如果两个人还单身，就重新追回她。

琳子说了声"好"，然后就转身离开了，虽然心里觉得不能接受。十几天后，琳子还是不舍，鼓足了勇气去找他复合，想要挽回这段感情，却发现他和那个女生在教室外的走廊里热聊⋯⋯

那天的琳子，很恍惚，心里不是滋味，自己也不知道是怎么走回宿舍的。

接下来的琳子，在宿舍里躺了三天，没去上课，也没有吃东西，只喝了几口水。舍友问她怎么了，她说失恋了；舍友又问是谁，她只是摇头流眼泪，默不作答。

三天后，琳子走出宿舍，剪掉长发的她，看上去消瘦了一大圈。

自此之后，他们就再没有正式见过、聊过。即便是在学校的同一栋教学楼里，琳子也总尽可能远远地躲着，因为这样至少不用打照面。

接下来的日子就是忙碌，琳子忙着考四六级、参加竞赛、拿奖学金、参加学生社团⋯⋯

忙碌的时光总是飞驰而过，转眼之间，毕业季到了。送别毕业生的晚会上，琳子作为文艺部骨干登台表演。

琳子说，那晚毕业演出结束后，她的心情五味杂陈。想想，觉得再也不会见面了，终于再也不见了。既然都过去了，就说声再见吧！

几天后，琳子用手机发给他一封信：

嘿，好久不见，还好吗？

曾经你约定的两年时间到了。

没有刻意地记住，也没有刻意地等，时间就到了。

那时候你说：没办法，对不起。我说：好。

2018-03-07—2020-03-07，两年已到。

感情好像就是随着一次又一次的失望被销毁，很幸运能遇见你，可如果再来一次，我不会和你交往，就只是做你的学妹。

这样就不会有失去的感觉，也不会那么难过。

……

"他后来恋爱了吗？"

"没听说，也不想知道，分手那么长时间，懒得打听。"

"如果他要重新追回你，还会有结果吗？"

"想过，但知道回不去了。"

"既然知道回不去了，为什么还要写那封信？"

"为那段往事，做个有仪式感的结束吧，所以最后提笔写了点儿东西。"

其实，在分手后到毕业前的这段日子，琳子也尝试过喜欢上别人，但后来都放弃了，说是因为找不到心动的感觉。

可是，那个明明让你心动的人，为什么爱着爱着，就不爱了？是因为爱得太卑微吗？

　　一开始就不愿公开的爱情，是卑微的、压抑的。尤其是在青涩懵懂的年龄里，恋爱中的男生女生，可能还不太会经营感情。

　　恋爱，有啥不好公开的？要是觉得人家女孩儿配不上你，就别恋爱。恋爱还不公开的男人，要么是懦弱，要么就是心怀鬼胎，吃着碗里的还占着锅里的。

　　真正爱你的人，不会让你卑微地去爱；如果他爱你，恨不得让全世界都知道。

　　有的人走着走着就散了，有的人爱着爱着就不爱了，倒不是因为薄情，而是世界在变，人也在变。你爱的是过去的他，你现在也不是过去的自己。

　　那怎么办？玩的时候不辜负风景，爱的时候不辜负人，不爱的时候也不辜负自己。

　　世界上，没有哪种爱情需要你放弃尊严。爱情或许会让你落泪，让你嫉妒生气，但它最后是让你温暖、给你安全。如果不是这样，要么是爱错了人，要么是用错了方法。

　　如果没有人给你想要的拥抱，那就选择一个人先坚强起来。

　　有人说：错的人迟早会走散，对的人迟早会相逢，你总是会担心失去谁，谁又会担心失去你呢？珍惜所有的不期而遇，看淡所有的不辞而别，失去的都是配角，留下的才是人生。

好聚好散的分手，也很残忍

一

那天，尚龙老师、我、小宋和阳仔一起组了个酒局，就在公司的楼下，四个"男人"（三个纯汉子＋一个女汉子）点了一桶啤酒，叫了肉串、薯条、炸鸡腿。

阳仔是以前的同事，工作时有过交集；她离职后，我们反而一起聚得多了。

几杯酒下肚，阳仔不禁感慨地讲起自己曾经跟公司一位同事的"地下恋"。

阳仔先让我们猜跟她搞地下恋的是谁，她提示了一下，"是个技术男"。

尚龙一口气猜了5个，全都被阳仔否认了；我知道，他猜的那些人要么有女朋友，要么有老婆孩子。

尚龙连猜不中，气得喝起了闷酒。小宋在旁边劝龙哥不要生气，也陪着喝了起来。

我随口说了男生 T 的名字，结果阳仔瞪大了眼睛看着我，然后一阵猛点头，还向我竖起大拇指。

尚龙狠狠地瞪了我一眼，说："一看就是不好好工作，天天关心未成年少女谈恋爱的事。"

我哈哈大笑，说："你拉倒吧！我之所以能猜中，凭的不是运气，也不是经验，而是技术小哥哥里我只跟 T 打过交道，而且觉得 T 很帅。"

尚龙喝了一口酒，问："你们两个怎么分手了？"

阳仔也喝了一口酒，丝毫没有忧伤地说："我前一段时间，状态特别不好，就给他发了条微信，跟他说，如果咱们两个这样下去，将来结婚了，我肯定出轨。"

小宋赶紧问："T 怎么回复的？"

阳仔说："他说，那就分开吧。"

小宋情场经验很丰富，他感慨了一句："看来，他也不是很喜欢你。"

阳仔的脸上，突然写满了淡淡的忧伤，她说："也不知道他喜欢不喜欢我……"

小宋接着问："谁追的谁？"

阳仔说："我勾搭的他。"

尚龙问："那为啥到最后还是你提的分手？"

阳仔苦笑了一下，说："不是我提的分手，是我俩商量之后和平分手的，好聚好散。"

二

听到"好聚好散"这四个字，我的思绪一下子被拉回到了好多年前。

我年少懵懂时，也经历过感情的分分合合，可是分手时，却都没有所谓的"好聚好散",而是无尽的失落,甚至撕裂般的无助感。

我问尚龙:"你分手时,有过'好聚好散'吗?"

尚龙喝了口酒,笑了笑,说:"请问,你是在刺探我的情史吗?"

我说:"你拉倒吧!你个大老爷们儿,我关心你的情史干吗?"

尚龙是作家,他说:"生活是最好的剧本,大概每个深爱过某人的人,在一段感情结束时,都会经历撕心裂肺的痛和失落吧,我当然也不例外。很多作家在经历失恋时,在那种特别的心境下,都能写下无比伤感而又温暖的文字,比如卢思浩……"

尚龙准备继续讲下去时,阳仔自问自答了一句:"我怎么就好聚好散了呢?大概,我经历的不是爱情吧。"

我们三个男人的注意力一下又回到了阳仔身上。小宋又开始了八卦,他问:"你说说,T是个什么样的人?"

阳仔喝了一口酒,说:"他是个单纯、阳光、帅气的男生,要不然我也不会主动贴上去。"

尚龙说:"说点儿特别的,T有什么与众不同?"

阳仔说:"他是个'不恋不婚不育主义者'。"

"那他怎么就跟你谈起恋爱了?"我、尚龙和小宋几乎异口同声地问。

"他不懂拒绝。"

"哦!"我们三个又异口同声地发出了感叹。

"我比他大四岁,这是他的初恋;跟他开始的时候,他还是个处男。"

小宋不失时机地问了一句:"现在呢?"

"现在,还是。"

阳仔尴尬地笑了笑,接着说:"两个人一起出国旅游一星期,住一个房间,他现在还是个处男。"

小宋坏笑起来:"看来,你魅力不行呀?不过,说来惭愧,我年轻时,也曾经和一个女生躺在一张床上,啥也没有发生。后来,那个女生很生气,写了很长的文字骂我,说我侮辱她。"

尚龙老师说:"对呀,你这不就是侮辱人家吗?"

小宋耸了耸肩,说:"那天,我喝大了,不是不想发生什么,你懂的。"

阳仔说:"T是没有那方面想法,他没提,我也没问。就这样……"

我说:"人家这是尊重你,没有动手动脚,正人君子。"

"别管是正人君子,还是对我没兴趣,都结束了。以后不能跟比自己小的男生谈恋爱了,什么都得教……"阳仔说这些话时,又不禁伤感起来了。

尚龙见状,赶紧"安慰"了一句:"最看不上你们这样的老女人了,跟'小奶狗'谈了恋爱,尝了鲜,然后又嫌人家太嫩了。"

这句调侃的话一讲完,四个人哈哈大笑起来。我觉得这个评论很高明,一方面听着是嬉笑怒骂,一方面让阳仔觉得自己是占了便宜,至少没亏本。

三

我说:"如果让你用三个词来总结一下这段感情,你会想到哪三个词?"

阳仔脱口而出:"妈呀、成长、残忍。"

尚龙问:"'妈呀',算第一个词吗?"

阳仔说:"是的,'妈呀',就是很吃惊很吃惊。"

小宋接着问:"具体点儿,怎么令你吃惊?"

阳仔说:"吃惊的是,别人谈恋爱是为了享受恋爱,而我不是在享受恋爱,是在恋爱教学。"

我接着问:"成长,体现在哪里?"

阳仔开始滔滔不绝:"蜀道难,难于上青天。改造男朋友,比登蜀道难太多太多了。我尝试了,我努力了,我也成长了。暗示他很多次,女朋友要哄,要陪伴,但每天跟他的聊天,就三四句话:早上好!中午该吃饭了,一起去!哇,牛!晚安,早点儿睡!"

小宋深情款款又贱兮兮地总结了一句:"恋爱中,很多人都尝试过改变对方,结果呢?"

尚龙说:"结果就是没有结果了。"

我假装文艺地说:"生活只有一种英雄主义,那就是在认清生活真相之后依然热爱生活。"

阳仔说:"罗曼·罗兰说的,认清了生活的真相,我成长了。"

尚龙接着问:"为什么第三个词是'残忍'?"

阳仔沉默了好久,说:"好聚好散的爱情,是真的残忍。"

结果,大家都不说话了。

阳仔继续说:"老娘我虽然年纪大了点儿,但还是有颗少女心的。别人觉得好聚好散是最好的结束,但我的好聚好散,是根本没爱过,开始得平淡,进行得平淡,结束得平淡。谈了一场跟没有谈一样的恋爱,难道这不残忍吗?"

沉默了好久,尚龙举起酒杯说:"来,干一杯,为成长和残忍。"

"来!喝一个,喝一个!"

四

无论爱是激烈还是平淡,我想每个用心爱过的人,应该都不想分手吧。虽然嘴上说"分手了要好聚好散",但散了之后就不再有爱情,谁都不愿意接受。

所谓的好聚好散，很多时候都是自欺欺人。

有的人，明明深爱，最后还是选择分手，而且是毫无征兆地分手。或许这样的突然结束，无法做到好聚好散。

很多人说，好聚好散的分手，总比撕心裂肺的伤痛好些，但你不是当事人，又怎能感知到个中的无奈和残忍呢？

一个人，只有内心温暖，才能说出暖心的话，写出暖心的文字。一个人，即便经历了爱情的残忍，也不妨在独身一人时，好好爱自己。因为当你自暴自弃时，美好的爱情，只会离你越来越远。

后来，听说阳仔在创业，她做过互联网公司的产品经理，现在专注做自己感兴趣的项目——少儿品格养成类教育产品。于是，我们又让她来聊聊自己的项目。还是在那天的酒吧，看着她兴致勃勃、滔滔不绝地介绍自己的"宝贝"，我感觉她更加彪悍勇猛了！而且，她自豪地宣布，自己可能要开始一段新的感情了，对方大她几岁，成熟稳重，思想上更门当户对了。

有事做，有人爱，很专注，应该算不错的生活状态。有人爱时，好好爱；没人爱时，好好爱自己，这一定不会错。

处女情结，怎么破？

一

前一段时间，我的哥们儿F请我喝酒，结果那天，他喝大了。

我如果喝大了，唯一想做的事情就是找个地方睡觉，一句话都不想多说。但我这个哥们儿不一样，他喝大了就抱着我哭，一边哭，一边倾诉自己的心事。

那天，从他语无伦次的哭诉中，我大概捋清了事情的来龙去脉。

我这个哥们儿，最近爱上了一个姑娘，但他从其他渠道得知姑娘之前有过两段感情，且都发生了关系，他就很难受。他说自己真的很爱她，想和她在一起，但想起她过去的种种时，就无法克服心理障碍。

哦，对了，我的这个哥们儿的情况是，母胎单身到现在。

我当时也喝了点儿酒，就去卫生间接了一杯凉水，然后温柔地泼到他脸上。

他脑子好像清醒了点儿，问我："我脸上怎么这么多水？衣服怎也湿了？"

我说："你上厕所时，栽倒在洗手盆上了，我把你扶回来了。"

他听完，感动地说："真是哥们儿，谢谢！"然后，就继续倾诉。

我这个人心善，最见不得朋友伤心，忍不住在旁边一个劲儿地开导他。

我说，你这个根本不算事。我的另一个哥们儿M也是母胎单身，突然喜欢上一个离过婚的少妇，全家人都反对，说他娶一个结过婚的，亏大了。

他妈妈以死相逼，不让他跟那个女人相处；那个女孩儿也说自己离过婚，"不值钱了"，劝他不要在一棵树上吊死。

结果怎么着？M说，自己非她不娶，然后就在一起了，后来我还参加了他们的婚礼，随了份子钱。

等我苦口婆心地说完，发现F真是没心没肺，他竟然靠在椅子上睡着了。我捏了捏他的大脸，没有反应，估计是真的喝大了，人事不省。

那天，我替他结了账，准备打车把他送回家时才意识到，我根本不知道他家在哪儿，只知道他一个人在北京工作，父母都在老家安徽。

没办法，我只能把他带回我家了。还好我没喝醉，但我家住五楼，没电梯。那天，我背着他爬了五层，差点儿没瘫痪。

第二天晌午，他醒了，揉了揉眼，问我："我怎么睡你家了？"

"你喝多了，我也不知道你住哪里，就把你扛回来了。"

"嘻！是这样呀，那个啥，我昨天没乱说什么吧？"

"没乱说什么，说的都挺乱的。"

"天哪！那我到底说啥了？"

我笑了笑，说："跟你开个玩笑，真没说啥。"

但我心里明白，他挺在意这件事的。

二

英文中有一个单词：virginity，其释义为：the state of being a virgin（处女状态）。

有一种心理障碍，称之为 Virgin Complex（处女情结）。

接下来说正事，谈谈 Virgin Complex。别说我"污"，我只是就事论事而已。

或许我说得不对，你可以发表自己的看法，但不准骂人！

1. 什么是爱？

如果你说你爱一个女孩儿，请你思考一下："什么是爱？"

如果爱只是想跟她在一起，只是希望她能如你所希望的那样"冰清玉洁"，专属于你，作为一个"未成年人"，我都无法认可你的这种爱，因为这样的爱有点儿幼稚、有点儿自私、有点儿孩子气。

真正的爱最起码应该是拥有对方的同时，能真正给对方幸福，能担当对方的难处，能在她有困难时给她依靠。我认为这样的爱，应该比单纯的占有更有男子气概吧！

当然，如果你是女性，喜欢的是个比自己小的"奶狗"，你也要拿出姐姐照顾弟弟的情怀，甚至是母性的关怀。谁让你喜欢个"小奶狗"或"小狼狗"呢？

2. 你能怨谁？

你如果真的爱这个女孩儿，你怎么能够去责怪她的过去呢？

你想想看,她过去经历的两段关系,应该也是真情实意的爱,那你有什么权利去责备在你出现以前发生的真情?

要怨,也只能怨你们相遇得太晚,或者只能怨自己以前不够优秀,未能吸引她。

3. 懂得心疼和体谅

或许她所经历的感情,造就她的成长,才会让你今天遇见了更好的她。所以,你还要感谢那些"革命先烈"(前男友),因为他们没有占住她爱情的位置,才让你今天有机会。

此外,如果她在过去曾经受过情伤,那你更应该心疼她。如果真爱一个女人,而她内心却是伤痕累累,难道你不心疼吗?

4. 另外一种可能

如果你发现你爱的女孩儿不是你期待或了解的那个样子,比如,她之前对待 sexual life(性生活)持较为开放的态度,更不必伤心介怀,这只是说明你们三观不同而已。

任何人都有选择自己生活方式的自由,你没有权利指使别人按照你的要求去生活。你可以不认可别人的生活方式,但应该尊重别人的选择。当然,你也要聆听你内心的声音。

三

最后,说点儿不该说的,但作为一个成年人又必须懂得的道理。

婚前性行为和婚后性行为,仅仅是两种不同的生活方式而已,谁也不比谁高贵,相互尊重,没必要站在道德的制高点上指责别人,因为这本身只是一种选择，无关道德。除了这两种生活方式，还有喜欢开放式关系的，等等，人家自愿，跟你也没啥关系，不是谁都围着你转。婚恋，尽量找价值观相同的，千万别瞎凑合！

真爱永远没有对错，只有对你来说对的人或错的人。如果你没有等到对的人，请你坚持不要将就。

这篇文字，写给我的哥们儿F，也分享给有类似困惑的人。

永远不要停下前进的脚步

不要和逼你结婚的人恋爱

一个山东姑娘,和男友在一起两年了,马上要面临毕业这道坎儿。男朋友说,希望她能去他家乡的城市工作、生活,但她父母也只有她一个女儿,不希望她远嫁异乡。而且她的爸妈还说,男朋友家庭条件不够好,怕她以后受委屈。

更关键的是,男朋友的家长还希望他们早点儿结婚,还说如果结不了婚就不要耗着对方,耽误彼此,干脆分手算了。

姑娘放不下这两年的感情,但男朋友一直在追问:"什么时候能结婚?"还说最多能等她一年。

姑娘问我:"感觉可能要跟他分手了,但自己又放不下,这段感情该何去何从?"

如果是你,你会怎样抉择?

一

在能爱、该爱、懂得爱的时候,奋不顾身地去爱就好了,至少未来不会因为怯弱而后悔。

不能再爱时，就潇洒转身离开，因为如果他是你的，你不争他也会在你身旁；如果他不是你的，你再强求也没有多大用。

其实现实生活中，很多人的感情，不是在恋爱，也不是假装恋爱，只是"还未分手"而已。

世间很多人，情分够了，但缘分不够，没能走到一起。不要遗憾，因为还有更多人，寻觅一生都未曾遇到那个自己爱同时也爱自己的人。

爱情不是生活的全部，家人也不是生活的全部，你要做的是先努力把当下过好，努力去爱，同时努力读书学习，让自己更优秀。这样将来才有机会、有能力、有勇气去选择自己想要的爱情和生活，而不是受家人和男友的压力去勉强接受自己并不期待的爱情和生活。

而且，我听说不努力的女孩子毕业后可能没的选，会被父母"抓去"结婚、生孩子。所以，努力和独立都很重要。

有时候，老天爷让你结束一段关系并不是没收你的幸福，而是心疼你，觉得他/她不配，所以放你走。

二

探讨个有意思的话题：大学毕业之后就结婚，你愿意吗？答案可能是多样的。

比如，花痴妹妹可能说，我和男朋友陈伟霆在一起三年了，毕业就要和他结婚。

有人说：不仅毕业后没必要立即结婚，甚至一生都没有必要结婚。

还有人说：本科毕业不行，太小，自己还是个宝宝，结了婚两个宝宝谁照顾谁啊？

也有人说：硕士毕业可以考虑的，如果遇到合适的人，是可以提前的。遇贵人先立业，遇良人先结婚。

更有人说：博士毕业就必须考虑结婚了，不是有那个说法吗，专科的单身女生是赵敏；本科的单身女生是黄蓉；如果是硕士还单身，就是李莫愁；博士还单身，灭绝师太；博士后呢，东方不败。

而你可能说："我有对象吗？连个对象都没有，我考虑结婚这样的闲事干吗啊？还不如去听课学习，先考上研究生，再利用给下届分享经验时勾搭个妹子或'奶狗'。"

其实，我没啥好说的，如果一定要说，就一句话："不要和逼你结婚的人谈恋爱。"

逼你结婚的人，多半不是因为自己内心冲动想要跟你携手共度余生，更多是迫于父母的压力；而你可能会因此沦为他实现父母期待的工具。

被逼结婚的人，可能的结果是，要么继续在婚姻中活得痛苦，要么在未来忍无可忍时再离婚，那又何必呢？

结婚是到了某个恰当的时间段，两人都准备好迎接新阶段的时候才要做的事，不要逼迫自己去接受，也不要接受别人的逼迫。

我的一个女性朋友，毕业一年之后结婚，结婚以后考研，复试之前有了孩子，读研期间让家人帮着一起带。硕士毕业时，带着老公和孩子一起参加毕业典礼。她说："优秀路上的绊脚石永远是自己想不想努力，与婚姻无关。"

只有你变好了，时间才不会亏待你。

而你可能在想，母胎单身20多年的我，读这篇文字干什么？或许，你从来不想独身，甚至有预感要晚婚，你只是在等世上唯一契合的灵魂。

如果将来嫁给爱情，晚点儿没关系。

罗曼·罗兰说："生活只有一种英雄主义，那就是在认清生活真相之后依然热爱生活。"

生活的真相到底是什么？

遇良人则安家，如果所遇非人，也不要做一个读书少、结婚早的人，把青春的一手好牌打得稀烂。

稀里糊涂的爱，来得快，去得更快

一

我其实都不好意思说，几年前的春天，前前女友把我给绿了，分手之后的一段时间我一直很郁闷，颓废厌世，甚至不想活了。

那段时间，我看了很多治愈系的书，听了很多治愈系的情感节目，但都不管用。身边也没有什么"好心人"陪我，有的只是一帮损友，天天在我的伤口上撒盐。

W同学安慰我说："有啥好伤心的？做人不要太自私，就凭你这个长相，有人愿意跟你谈一段时间的恋爱，已经是往火坑里跳了，你还指望人家葬身火海吗？"

Z同学也替我总结道："吃一堑，长一智；漂亮的女人都不可靠，所以下次谈一定要找个丑的。不丑，坚决不谈！"

L同学鼓励我说："一起出来打个牌吧！转移注意力是治愈失恋最好的良药，情场失意的人，必然赌场得意。"

那时的我，天真烂漫，纯洁无比，居然信以为真。

于是，我参加了人生的第一个麻将局。记得那天下午的麻将打得昏天黑地，输得也是一塌糊涂。

二

我的朋友 Aurora 最近又失恋了，这是她第三次在朋友圈宣告感情受挫。

三场恋爱，三个"文艺骚男"。

每次的情节都如出一辙：天崩地裂的失恋，突如其来的感动，奋不顾身地投入，令人窒息的夺命连环 call，最后爱恨交加再次分手……

这次失恋后，她独居在家。闲来无事时，通过社交软件，认识了一个小哥哥，虽然还未奔现，但聊天中感觉小哥哥人超级好，知道她分手后就一直安慰她，陪她聊天，听她倾诉。

就这样一个月过去了，Aurora 感觉自己从失恋的悲伤中走了出来，她说感觉自己跟小哥哥挺合拍，于是就来问我建议：要不要跟他在一起？

坦诚讲，Aurora 是幸运的，因为她虽然失恋了，但毕竟还有人陪。

所以说，如果你失恋分手后还有人陪，就不算太失意。

但失恋后，要不要迅速开始新的一段感情，来填补内心情感的空洞呢？

我想说，我不排除第一种可能性：你真的会跟那个安慰你的人开始一段新恋情。

俗话说："无事献殷勤，非奸即盗。"如果你本身是高颜值的小姐姐，小哥哥垂涎你美色的可能性很大。

说不定，他之前就一直在默默地关注着你，突然发现你分手了，于是心中窃喜：机会来了。

对你垂涎三尺的他，可能一直秉持的原则就是"肥水不流外人田"，机会送上门来，岂有不泡的道理？

所以，你可以多照照镜子，看看镜子中的你，是否漂亮，是否魅力四射。多照照镜子，或许你会发现答案。

因此，我也绝不排除第二种可能性：你想多了，他可能最近憋在家里，真的很无聊。

你呢？刚分手，又赶上疫情期间憋在家里，难受加无聊。

此刻的你，刚刚经历撕裂的伤痛，情感方面非常脆弱和敏感，正好急需一个人来填满内心情感的空白。

这个时候，可能随便一个你有点儿喜欢（最起码不讨厌）的人，稍微关心你一下，你就产生了误判，因为此刻你的情商、颜值、精神状态和判断力，都处在人生的低谷。

那么，分手后，迅速开始一段新的感情，靠谱儿吗？

我个人认为：不太靠谱儿。即便你喜欢这个小哥哥，也让自己走出上一段感情的阴霾后，再开始下一段感情吧。毕竟，你不能怀里抱着新欢，心中还想着旧爱，这就说不过去了。

最起码，你要等疫情结束，再做决定。这时候说什么都不太清楚，你和他可能像很多人一样，都憋傻了而已。

最后，提醒一下：网聊的，先不要太当真，上当受骗的很多，有想卖给你茶叶的，有想卖给你假酒的，还有想骗婚的。

还有一些情侣网恋时，双方在微信上嘘寒问暖，关怀备至，结果见了一面，黄了；还有一些网恋奔现后，只谈了一晚上的恋爱，就再无联系了。

总之，慎之再慎吧。毕竟，走出那一步之后，就会发现两个人连做朋友的回头路都没有了！

不要太着急爱上一个人，也不要和一个人熟得太快。以十倍速度亲近你的人，最后也会以十倍速度离开你。

那些没有答案的问题，不妨先交给时间

一

一个同学问了我一个深刻的问题：我们为什么会爱上一个人？

其实，很多人都搞不懂我们缘何会爱上一个人。我也不例外，就像很难搞懂为什么有的老师上课开火车，下面的学生听得其乐融融，他们嘴上说"你好污"，心里却乐开了花一样。

虽然搞不懂我们缘何会爱上一个人，但"爱"确实是一种最美妙、最无私、最伟大的感受。

生活不易，孤独更是生命的常态，但幸运的是我们还能去"爱"。

我咨询了学生物的朋友。他们说，从生物学角度来说，当我们进入"爱"的状态时，身体就会分泌催产素、多巴胺和血清素等物质，但这些都不能解释爱情的本质。

心理学家说："爱是延伸自己与他人联系的能力。"

很多时候，我们以为自己爱上了某个人，可能是因为我们爱上了自己的想象，或者对方身上有我们渴望的一些东西。所以，这些

"爱情"可能只是我们的某些愿望，是我们把自己的愿望投射到了对方身上。

此外，有些"爱"看起来是爱，但实际是欲望。真正的爱，要基于对自己和对方的了解，了解之后还有全然的接纳和心疼，希望对方幸福，这大概就是"爱"了。

最后，"我们为什么会爱上一个人"这个问题如果关注点不同，就会有不一样的理解，比如：是"爱"上一个人，还是爱"上"一个人。希望我回答的正好是你想问的。

二

对的时间，遇见对的人，是幸运、幸福；对的时间，遇到错的人，是痛苦；错的时间，遇到错的人，是荒唐。

一个同学失恋了，到处问别人："失恋，为什么会痛？"

我说："我失恋也会痛，撕裂的痛。但我也不知道为什么。"

他昨天被分手，女朋友和他是异地，偶尔见面，他对她特别好，愿意为她付出一切。但昨天她说不想再继续了，说她想尝试一段新的感情，因为有同班同学在追她，有一个随时在身边的男朋友会更有安全感。可她还说，希望他能一直陪着她。她先是突然删了他的微信，然后又要加回来……

他说自己很难受，还在考研，学不进去，问我怎么办。

我回复说："建议你抽自己一个耳光，让脑子清醒一下，如果你女朋友真的如你所述，说明你所爱非人。这样的人，不赶紧踹了，还留着过年吗？你不踹了她，以后结了婚，她给你戴绿帽子，你会更难受。"

他说自己知道所爱非人，但还是痛，问我怎么办。

我继续说："你的这个女朋友，脑子有问题，这样的要求，能提吗？能跟你提吗？你也有毛病，人家都说到这个地步了，你还留恋啥？你还心疼啥？难受啥？如果要难受，只能难受自己当初瞎了眼。"

他又回复说："我也恨自己当初瞎了眼，但还是痛，怎么办？"

我继续说："你要是难受，就应该立志，今天你高攀她，明天你让她高攀不起；你要是难受，就去听课学习，听不进去也逼着自己去听，学就比不学强；你要是难受，就给自己找一堆事情做，让自己停不下来，就没时间去感受伤痛。"

最后，他不说话了。

想到他在考研，我最后又发给他一段话："每年都有一些同学在考研路上失恋，但咬牙坚持下来，最终好多人都考上了研究生。你也可以的。"

如果命运不宠你，你还不善待自己，岂不更惨？

往大了说，失恋是你人生成长的契机；往小了说，失恋是帮你摆脱错的人。

但失恋了，会痛。为什么会痛？这个问题，有答案吗？你只要不是"渣"，失恋都会痛，没法儿医治。

三

余华在《活着》中说："没有什么比时间更有说服力了，因为时间无须通知我们就可以改变一切。"

世界上有很多问题，你我踏遍千山万水也无法寻觅到答案时，不妨先把它们交给时间。

一切问题，最终都是时间问题；一切烦恼，可能都是自寻烦恼。

当爱已成往事时，就别纠缠了，纠缠不断，痛苦的是自己。

Chapter 05

你的眼界，
　　　　决定你的世界

宜成熟，忌幼稚

永远不要停下前进的脚步

别把自己的眼界当作全世界

一

有次教研,我去听一个同事 L 老师的网络课程。

L 老师在英国读的本科和研究生,毕业后,还在 BBC(英国广播公司)做了一段时间的播音主持,后来回到国内某重点高校任教,同时兼职在外面讲些课程。能请到这样的牛人来讲课,我自然不能放过观摩学习的机会。

那天,我像个学生一样,戴着耳机,很享受地听她讲课。直播的过程中,在讨论圈里,有一个人一直刷屏,大概意思是批评老师的发音不标准。

刷屏,大家应该不陌生。网络的另一端,那位男女未知的同学,很执着,一直刷。其实我知道,L 老师肯定是看到了,但可能觉得不值得回应,因为回应他/她一个人是浪费所有人的时间。

更多的同学,则在赞美老师的发音好听,只有那位同学不依不饶,刷屏刷了足足半小时:"老师,你的发音为啥我听不懂?是不是不标准?"

在课间时，L老师说："现在课间休息，我回应一个同学的问题，就是说我发音不标准的那位，坦诚讲，这还是我当老师这么多年第一次听到这样的差评。"

说完，她禁不住"哈哈哈哈"地笑了起来。听得出来，她没有生气，丝毫没有。

那天课后，我通过客服联系到了那位同学，是个男生。我对他说："你刷屏说L老师发音不标准，麻烦你在电话里说几句英语，我听听。"

然后电话那端他说了几句英文，我问他："你是不是邯郸人？"

他惊奇地问："老师，您怎么知道的？"

我说："咱们是老乡，听到你讲'Handan English'，感觉特别特别亲切。"

电话那头，他惊声尖叫起来："没想到，咱们这么有缘！太激动了！"

我接着说："别激动，问你个问题，你平时是不是不怎么听英文录音？"

他说："我觉得麻烦，经常自己读。"

我又问："那你跟外国人交流过吗？他们能听懂你讲的英语吗？"

他说："老师，说实话，惭愧呀。我是农村长大的，上大学后才见过几次外国人，但不好意思也不知道怎么跟人家搭讪，所以我也不知道他们能不能听懂我讲的英语。"

后来，我在电话里告诉他，应该多听 native speaker（母语使用者）的英文，而不是自己读着开心就行。否则，就会陷入认知的狭隘中。

二

我想到前不久的一件小事。

那天，我在小区里散步，看到一个奶奶带着小孙子遛狗。

小男孩儿四五年级的样子，奶奶边走边询问小孙子学校学习的情况，小孙子看上去很自负，觉得自己比奶奶懂很多很多。

小区的快递柜旁边，有个旅游的广告牌，小男孩儿问奶奶："广告上的崇山少林寺，你去过吗？"

奶奶扭过头，笑眯眯地说："是嵩山少林寺，不是崇山少林寺。"

小男孩儿气急败坏，大声跟奶奶嚷嚷："不对，奶奶你错了，不是嵩山少林寺，是崇山少林寺，是崇山峻岭的'崇'！"

奶奶本想再说几句，告诉他这两个字的差别，但看到小孙子的牛气、脾气和火气一下都蹿出来了，只是笑了笑，没再说话。

三

无论是刷屏指责老师发音不准的学生，还是认错字还不自知的小学生，令人哭笑不得的是，他们都把自己的眼界当作全世界了。

当然，生活中不乏这样的成年人。

有的人工作不顺，自以为有才华但未受重视，就觉得同事和老板都是笨蛋；有的女孩儿谈恋爱遭遇了渣男，就觉得全世界的男人都渣；有的人在困难时，没有人伸手拉他一把，就觉得世态炎凉，人情冷暖……

有时，我们很容易以为自己看到的就是全部，自己以为对的就一定是对的。把自己的认知当万物的标尺，将自己的眼界当作全世界，这是最大的狭隘。

我讲网络课程时发现，很多同学选择在宿舍听课学习，理由是"有网"。于是，经常听到这些同学的抱怨。

"我想专心听课，舍友却故意说话；我在看书学习，舍友却发出很大杂音干扰我。"

"其他几个同学联机打游戏时大喊大叫，导致我无法静心学习。"

"尝试过沟通，当我在宿舍学习时，请他们保持安静。但沟通成本很高，沟通不顺时，我跟舍友干了一仗，结果更影响学习的心情了。"

每次听到这样的抱怨，我都要像个妈妈一样苦口婆心地跟他们讲："这就是你的不对了。宿舍本来就不具备自习室学习的条件，你不能因为你要学习，就要全宿舍人都配合你营造安静的环境。要知道，他们只是你的舍友，没有这个义务呀。"

不要把自己的眼界当作全世界，也不要以自我作为思考的中心。

你可以不认可别人的生活方式，但不妨碍你尊重别人的选择，也不要去强迫别人都顺从你的意志。

这个世界，正因为选择的多样化而丰富多彩。我喜欢看书、听课、授课、写作、演讲，生活中很少玩游戏和追剧。我的喜欢和不喜欢，仅仅是个人选择而已，我虽然长得帅，也没有什么理由斥责那些玩游戏和追剧的人。

你不看电视，没必要拦着不让所有人看。有本事你把你家电视砸了，看你爸妈揍不揍你。

你不喜欢打麻将，去做你喜欢的事就好，没必要在亲戚、朋友聚会搓麻将时给他们浇冷水。

你不去泡吧和夜店蹦迪，但不能一口咬定去泡吧和蹦迪的全都不是什么正经人。

你的眼界也不是全世界，你把自己的认知当作衡量万物的标尺，你就是个"二货"。

一个人变成熟的标志之一，就是不仅不再把自己的眼界当作全世界，还能接受自己的平凡，看到自己的局限，但依然有勇气扛起责任，努力撑起自己的一方小天地。

　　承认自己的幼稚，是一件很艰难的事情，但不承认就无法走出自我认识的狭隘，也就无法成长成熟。

　　改变自己，是自救；影响他人，是救人。如果你立志要成为一个影响和改变世界的人，请先从改变自己开始吧！

不成熟，不等于耿直

一

朋友 S 一年前买了房子，请了装修公司，大费周折装修了半年时间才完工。之后，邀请我和其他几个朋友去参观。

S 的房子位于近郊，是个花园洋房。走进玄关，我们就看到了一块巨大的布艺装饰，富丽堂皇。他自豪地说："我专门请了室内设计师做的设计，总计花了两万多。"

同去暖房的人中，有一位以"耿直"著称的小哥 H，他听完了价格后，用充满优越感的语调喊道："什么？这太贵了吧！你肯定是被坑了！"

H 说的是事实吗？

是的。H 确实道出了真相："因为我舅舅就是搞装修的，我知道这其中的猫腻和油水。"

但 H 评论的那几句话，瞬间让 S 的脸色很难看，他尴尬地笑了一下，说："同样的东西，价格贵的自然有它贵的价值，一分钱一分货，便宜没好货，质量也无法保证。"

H不服气，继续据理力争："不骗你，你就是被坑了，这个装饰，一万都不值。你可真有钱呀！"

H嘴上说着，手上也没停，上下挥舞，指指点点。

S涨红着脸，想说点儿啥又说不出来。一时之间，气氛尴尬到极点。

我赶紧打了个圆场，开始一边用手抚摸着那些装饰，一边称赞S的房子很大，还说这个装饰的品位也很不一般。

我不是拍马屁，因为我买不起S这样的大房子，对这个装饰格调也很羡慕，显然S是花了心思的。至于S的钱花得值不值，我觉得他自己开心就好了。

接着，其他人也跟着一起夸房间里的其他装饰。

"呃，说实话，我差点儿支付不起这些花销，设计师估计多收了我不少钱，我有点儿后悔买这些布艺装饰。"

那一刻，看着S脸上变轻松的神情，我突然意识到：H以为自己耿直，其实别人都觉得他傻。

不得不说，人性是有弱点的。我们自己犯错时，也许会向自己承认；如果对方温和友善，或许我们也会向对方承认，以显得自己胸襟广阔。

但如果对方口无遮拦道出了令你难堪的事实，你会认同吗？当然不会。别人的批评否定了你的智慧和判断力，打击了你的骄傲和自尊，你不仅不会因此改变想法，反而只想回击，因为这伤害了你的感情。

所以，下次说话时，作为一个成年人，别跟小孩子那样直白、直接地指出别人的失误。因为这就等于在说："你是不是个傻子？我很聪明，让我来告诉你……"

再好的朋友，也经不起你这过分的直白。你可能是真的耿直，但别人真以为你傻。

二

我曾经深深为富兰克林伟大的个人魅力所折服，但我读《人性的弱点》时，发现这位精明能干的政治家、科学家、发明家、文学家、外交家，却曾经是位鲁莽少年。

当本杰明·富兰克林还是个"行事浮躁的年轻人"时，他的一位朋友提醒他：

"本，你太让人难以忍受了。但凡有人和你意见相左，你就口出狂言。你的话就像是狠狠给了对方一耳光，没人听得进去。朋友们都觉得你不在身边的时候要自在得多。你自以为才高八斗，没人敢和你争辩；事实上，别人只是不愿和你争罢了。他们深知这样白费工夫，只会引起不快。这样下去你永远无法进步——你现在就已经无知得可怜了。"

伟人之所以伟大，在于其明辨是非，受得了忠言逆耳。年少的富兰克林意识到，如果他继续这样下去，迎接的必然是社交败局。

因此，他下决心纠正自己的粗鲁无礼和刚愎自用。

富兰克林给自己定了个规矩：不可以直接反驳他人，也不可妄下断言。他禁止自己使用意见明确的话，像"肯定是这样""毋庸置疑"等，取而代之的是"我估计""我担心""我猜""目前我觉得可能是这样的"。

富兰克林说，当发现对方的观点有误时，他会克制住立即反驳的冲动，不再以指出对方的荒谬之处为快乐；相反，他会尝试先肯定对方观点在特定情况下正确的部分，再暗示目前的状况已经有所不同。

这一改变，让富兰克林受益良多。他与别人讨论时对方的抵触减少了，交流融洽多了。

不仅如此，他谦逊的态度，还帮他赢得了良好的人脉。

当然，富兰克林也说，在一开始做出这种改变时，他也不得不压制自己的本能；但刻意的训练，最终把这种行为变成了习惯。

富兰克林说，如果自己碰巧是正确的，这种交流方式，更容易让对方放弃错误的观念；如果碰巧自己是错的，这种交流方式，也不再让自己觉得羞耻。

三

伽利略说："你无法教会他人，唯一能做的，只是引导他自行领悟。"

我刚当老师时，发现很多学生对我的态度不满意，比如教学评价中他们这样写："这个老师毒舌，这个老师说话的方式令人难以接受，这个老师总是讽刺打击学生。"

深刻反省之后，我意识到：我之前的说话方式，不是耿直，而是傻，是不顾学生的颜面。比如，发现学生错误时，我习惯于怒吼："这么简单的问题，居然能犯错？"

后来，学生犯了一个不该犯的错误时，我说："请你默默地举起自己的小手，捏捏自己的大脸，问问自己为什么这么可爱？"

这些年，我逐渐明白，一个人成熟的标志之一，就是不再在嘴上争强斗狠，而是懂得照顾别人的感受。

所谓成长，就是下棋的时候能赢了老爸；所谓成熟，就是你明明可以赢老爸，最后却让老爸小赢你一下。

一个人成熟时，考虑的不再只是输赢或对错，还有尊重、关心、利弊。

青春期时,我喜欢和我妈对着干。我老妈有点儿强迫症,她要求我每次吃东西,一定要吃熟的和热的(童年的我连冰棍都没吃过)。记得有次我煎牛排,本来已经盛到盘里了,被我妈看见了,她硬说牛排没熟透不能吃,逼着我重新煎。我呢?拿起就吃,老妈就从我手里抢,结果牛排掉在地上,最后扔了。

现在的我,已经很少为这些芝麻绿豆的事和她争论了,因为与输赢对错比起来,我更在意的是她的心情,当然还有我的心情。

一个人在说话、做事时,开始知道顾及别人的感受,能够站在一个更理性而全面的角度,那么就可以说他真正变得成熟了。

真正的成熟,是看破不说破,看穿不揭穿,知世故而不世故。愿年轻的你我,在将来的某一天,洞穿世事的同时,依然保持一颗天真未泯的善意之心。

永远不要停下前进的脚步

赢得争论最好的方法,就是避免争论

　　生活中的你,跟别人吵架吗?如果吵,跟谁呢?

　　有意思的事情是,现实生活中,吵架的人,基本都是跟你生活、工作、学习直接相关的人,比如:亲密伴侣、合作伙伴、同事、好朋友,当然还有家人。

　　你在大街上跟陌生人吵起来,或者你在网上跟"喷子"撕起来,那叫"干仗",不在今天讨论的范畴。

一

　　曾经有人问我:爸妈经常吵架,该怎么办?

　　听到这个问题,我乐了。因为我的父母也吵架,他们吵了一辈子,感觉每天都在吵。小时候,我傻,还试着劝解;长大后,我发现,吵架是他们相爱的方式之一。吵架是日常,是他们生活的一部分,见怪不怪。

　　我的原则是:只要不动手,不导致家庭破裂,爹妈愿意吵,就让他们放飞自我吧。

不涉及大是大非的问题时，爹妈吵架，咱们当孩子的，不仅没必要拦着，还应该跟着起哄，去赞美，去鼓励。因为这是他们的爱情，是他们幸福的表达形式。

有时候，老两口为了一个观点争论得面红耳赤，甚至还拍桌子，我就在旁边笑。有时，我觉得家里太安静时，还会贱兮兮地问一句："你们老两口怎么不吵了？"

其实，如果父母吵到离婚的程度了，也就没得吵了。既然还能在一起，吵吵架，一定比相对无言更好一些。

二

现实生活、工作和学习中，有些非亲人之间的吵架和冲突，有时会争得面红耳赤，如何避免？这需要从认知层面做一些调整。

分享几点自己的认知、感受和建议：

1. 正确认识分歧的必要性

试想，如果两个合作伙伴的意见总是一致，那其中的一个，还有存在的价值吗？

因此，若对方提出了你从未想到的观点，或质疑你的看法，请你心存感激。因为不同的意见可能帮你避免犯错和思维漏洞。

2. 不要纵容直觉反应

面对他人的质疑或挑战，一般人都会下意识进入戒备模式（至少之前的我是这样），这是人性的弱点，可能也是本能。

出于直觉反应的反击，因为没有经过大脑的思考，往往是非理性的。

要避免非理性争吵，就应格外注意，警惕你的本能反应。因此，建议你有吵架的本能反应时，提醒自己深呼吸，保持冷静。

3. 控制情绪

情绪不稳定的人，往往情商也不会高到哪里去，不管是工作还是生活，都会受到情绪的影响，而且这种影响通常都是比较大的。

情绪稳定，是成年人的标配。认知水平越高的人，生活中鸡飞狗跳的事往往越少。

商业脱口秀节目《冬吴相对论》里有一句话，令人印象深刻："无论是在商业界，还是人际关系上，都有一个亘古不变的现象，那就是'强者示弱，弱者示强'。"

弱者易怒，而强者懂得示弱。卡耐基在《人性的弱点》中写道："观察对方是否易怒，你就大概能知道他是君子还是小人。"

4. 学会聆听，先听后说

每个人都喜欢讲自己得意之事，恨不得每个人都知道，这是人性使然。

但苏格拉底说："上天赐给每个人两只耳朵、一双眼睛，而只有一张嘴巴，就是要求人们多听多看，少说话。"

你如果懂得尊重别人，不想吵架，请先认真聆听。我讨厌自己讲话时被人打断，我认为，打断我的讲话，等同于打我的脸。当然，己所不欲，勿施于人，我也要求自己学会聆听和不打断别人。

避免吵架，就要建立沟通的桥梁，沟通的第一步就是聆听。先听后说，不是不说，而是听的过程中掌握更多有价值的信息，也给自己预留出更多时间去思考说什么、怎么说。

所谓"两年学说话，一生学闭嘴"，就是这个道理。看穿不戳穿，懂得顾及别人的感受，不让对方难堪，既是高情商的表现之一，也是人际交往的有效手段。

当你的眼里，不再只有吵架的输赢，还有尊重、利弊和关心时，你就变得更成熟了。

5. 诚恳的态度

在能让步的时候让步，在该认错的时候认错。这可以使得对方放下戒心，从而减少摩擦。

诚恳的态度，还可以体现在谈话交流开始之前。比如，我经常给恋爱中的情侣提的一个建议是，恋爱时，记得定个规矩——如果你们吵架，一个人发火时，另一个人必须听着。如果两个人都在叫嚷，就不是沟通，是噪声。无论对彼此多么不满，都应该首先遵守这个约定。

这样的商定，就是预防和解决问题的诚恳态度，当然也适用于其他人际交往的场合。

6. 冲动是魔鬼

冲动是魔鬼，你越是在气头上，越有可能不讲道理。但不管你是否愿意承认，对方说的都有可能是正确的。

所以，哪怕你当时无法接受对方的观点，也要向对方承诺，你会认真考虑他的想法，并且在吵完架后说到做到。

借此机会，你可以让自己深思熟虑一下。这样，总好过事后被对方指责:"我告诉过你,可你就是不听。"

7. 真心实意感谢对方的重视

冲动是魔鬼,即便争得面红耳赤,也不要忘了:对方愿意花时间和你争辩,是因为他和你对同一件事感兴趣。

因此,吵架时,不管对方的建议和观点能否让你信服,先真心实意感谢对方的重视,将他们视为真心愿意解决问题的人,也许能化敌为友。

8. 没有答案的问题,不妨交给时间

如果争论中,谁都无法说服另一方,就需要决策机制。比如:公司高层的争论中,如果僵持不下,就应该设定机制由某位主要决策者拍板。

有时,争论没有结果,还需要给双方足够的时间找出症结,主动建议推迟讨论时间,将所有细节都考虑清楚。

9. 复盘和反思

复盘和反思两个方面:对方和自己。

一方面,反思:对方完全一无是处吗?有没有可能部分正确,甚至完全正确?有哪些值得肯定的地方?

如果有,下次讨论时,先谈谈对方引以为豪的东西,从肯定对方开始;如果没有,下次讨论时,也不要从否定对方开始。

另一方面,反思:我的建议能解决问题,还是只会引发不快?我的行为是会把对方推向对立面,还是拉近我们的关系?我的决策能否让

人们更尊重我？

我会赢，还是会输？如果我赢了，我付出的代价是什么？如果我保持缄默，纷争是否会就此平息？目前的局面对我而言，是否意味着机会？

三

《孙子兵法》中说："是故百战百胜，非善之善者也；不战而屈人之兵，善之善者也。"

虽然争论和战争不能相提并论，但我依然认为：赢得争论最好的方法，就是避免争论。

避免争论，不是不争，而是以退为进，有策略、有目的、有节奏、有方法、有步骤地解决问题。

以上，与各位共勉。

贬低别人抬高自己时，暴露了什么？

一

前些天，我跟一个在北京某重点高中当老师的哥们儿阿桑喝酒聊天。

阿桑是我的本科同学，他毕业后直接进了北京郊区某重点中学教书。几年后由于教学成绩异常突出，拿了北京市各种教学比赛的奖，被西城区某重点高中挖了过去，当了数学教研组的组长。

这些年，阿桑在体制内，我在体制外；他在公立学校叱咤风云，我在教育培训行业风生水起。我们两个惺惺相惜，因此偶尔聚聚，除了喝酒畅谈往昔峥嵘岁月，也纵论世界大事和身边芝麻绿豆的小事。

这样的朋友，即便相聚甚少，每次也相谈甚欢。

那天，我们找了个大排档，点了他爱吃的烧烤和我爱啃的鸭脖，开始了开怀畅饮。

几杯酒下肚，他拿出手机，贱兮兮地说："我给你发段视频，你看看你们教育培训行业，都是啥人？"

我笑了笑，端起一杯酒说："来，先喝一个，消消气。"

打开手机微信，我一边啃鸭脖，一边打开视频，播的是某线上辅导机构所谓"名师"的讲课片段。

为避免侵犯肖像权和名誉权，也基于"就事论事"和"不针对个人"的原则，我把那位"名师"说的话转成文字，如下：

"我给你讲的技巧，是你在学校待100年也不会学到的。能理解吗？我现在给你讲的所有的技巧，你在学校根本就学不到。这个不是课本上的……"

看着视频里那位"名师"手舞足蹈的丑态，我一不留神，刚买的华为手机摔到了水泥地上。还好，国产手机质量好，没摔坏。

阿桑说："你看看，你们搞课外培训的，都是什么人？非得贬低别人，才能抬高自己吗？他大概从娘胎里出来就没有进过公立学校吧？就他讲的这点儿东西，说实话，真不稀奇。"

阿桑很是气愤，他喝了一杯酒，接着说："这个世界上，总有些人吃相难看，靠踩别人来凸显自己牛，但实际上也暴露了自己的嘴脸。"

我赶紧站起来，一边给他鞠躬，一边说："我代表这个'二货'和我们这个行业，向桑老师致歉，您消消气。"顺便给他倒满一杯酒。

阿桑看了看我，问："你鞠什么躬呀？我说的是视频里的人，又没说你。"

我赶紧又鞠了一躬，说："视频里的人，我认识，他是我教过的学生，还是我的微信好友，我代表他向你敬杯酒，以表歉意。"

我这个人，有时疾恶如仇。看完视频的一刹那，我就想把他从我的好友列表里删除，我为自己认识这样的人感到羞愧。

我这个人，有时念旧心软。他是我的学生，学生做错了事，当老师的也有责任。所以，那天我没再喝酒，而是趁自己脑子清醒，作为英语老师，给这个曾经的学生、现在的数学老师打了个电话，好好聊了聊当老师和做人的事。

二

靠贬低别人来抬高自己，这种行为令人不齿、令人生厌。

成长中的我们，总有一些方面可能技不如人。如果真的技不如人，要靠贬低别人来抬高自己，这种柠檬酸多了，就变成了酸臭。

事实上，即便你真的比别人强，你想抬高自己，只要尽情展示自己的优雅、博学、大度即可。

靠贬低别人来抬高自己的人，更多时候，要么是心虚不自信，要么就是酸溜溜的嫉妒。

无论你身处哪个行业，细心观察后都会发现：行业翘楚，几乎从不依靠贬低同行来抬高自己。袁隆平爷爷吹嘘过"老子天下第一"吗？钟南山院士贬低过其他医生来凸显自己吗？

真正的牛人，都在与时间赛跑，他们专注做着自己认为最有价值的事情，哪还有时间和精力去贬低别人。

美国作家弗朗西斯·斯科特·菲茨杰拉德在《了不起的盖茨比》中写道："每逢你想要批评任何人的时候，你就记住，这个世界上所有的人，并不是个个都有过你拥有的那些优越条件。"

有时候，那些所谓的优越感，可能也只是自我感觉良好而已。当你张嘴说出或写出贬低别人的话语时，自己已经变成了一个蠢货。

三

写到这里，我在想，其实上面的文字，对你来讲，或许真没啥用。毕竟读到这篇文字的人，也不是三岁的小孩子，道理都懂：靠贬低别人来抬高自己，是弱者的愚蠢行为。

我们可以要求自己不干这样的事，不说这样的话，但令人烦恼的是：林子大了什么鸟都有，如果我们身边有这样的人，该怎么办？跟他打一架吗？

除了给大家"敬而远之"这条建议，再给大家分享一个故事。

几年前，我受邀去外地参加一个会议，同车前往的有一个女老师，无论听到别人说什么，她都张口评论甚至反驳，并趁机显摆自己的幼稚见解。

一车同行之人，都反感至极。只有坐在她身后的我，不断地恭维道："你说得太好了！我就喜欢你这种性格，现在这个世界上，像你这样既深刻又真诚的人，真是越来越少了。"

她听得心花怒放，在高速公路的服务区停车休息时，她不仅给我买饮料，还给我买各种水果吃。

那一路上，我喝着饮料，吃着水果，也非常开心。但估计一车人都快气死了。

你看，这不也挺好的吗？我不认可人家的生活方式，但我"尊重"人家的选择：惯着他/她、帮着他/她、捧着他/她，"助人为乐"不也挺好的吗？

四

我又想，面对这个失序甚至有点儿狼藉的世界，你我还是要快乐的。

快乐的获得，主要有两个途径：一是修炼自己，做好自己最该做的事情，同时管好自己的嘴，别乱喷；二是犯不着跟傻瓜理论，要么堵上耳朵，要么"夸夸"他们，用"高帽"就能搞定的人，不值得争吵。

希望你不只看到生活的一片狼藉，希望你多多思考，享受有酒有肉的日子，培养一个有趣豁达的灵魂。

你呀，别一大把年纪了，还像个孩子

有的人呀，别看都一大把年纪了，还像个孩子。

这句话，如果是别人说我，我可以接受。因为我确实是一大把年纪了，还经常嘟嘴卖萌装嫩。但我只是装嫩，而有的年轻人虽然年纪不小了，但思想上、心智上还真是个孩子。

一

春节前，一个小姑娘来到朝阳门我工作的地方造访，给我留下了深刻的印象。

她是一个天津姑娘，看装扮，家庭条件应该不错。她说自己经常跑来北京玩，这次顺便看看我这个"一直陪伴却素未谋面"的人。

寒暄了几句后，她说有个问题向我咨询。听了几句，我发现，其实不是问题，全是抱怨，抱怨的就是自己的父母。

"老师，跟您说，我爸妈总说我不够成熟。其实，我有自己想做的事情，但他们总不支持我。"

"为什么不自己去做？为啥一定要他们支持？"

小姑娘瞪大了眼珠子，满是惊恐地看着我说："那我钱从哪儿来呀？"

"自己打工赚钱呀。要是实在没钱，就从生活费里省，少吃点儿还能减肥，或少买几件名牌也行。"

"那他们还是会担心呀！他们肯定不同意，我到底该怎么办？"

我突然意识到，其实她父母说得没错，她真的不成熟。一个天天想做事，但一直在担心这个又担心那个的人，凭什么让别人觉得她成熟呢？

于是，我就接着问："姑娘，请问，你最近最想做的一件事是什么？"

"考研，因为我本科学校不太好，我想考一个名校的研究生。"

"跟你爸妈说了吗？他们怎么说？"

"他们说，试试吧，反正也考不上！"

"然后，你说啥？"

"我还能说啥，他们就没把我当人看。"

"那你觉得他们把你当什么了？"

"我也不知道！反正跟他们沟通有障碍。"

"然后呢？"

"然后？然后我气得不行，这不就来找您来了吗？我觉得您比我爸妈慈祥，您开导开导我！"

"别胡说八道，说谁慈祥？慈祥能用来形容我这样的年轻人吗？"

"不不，老师，您在我眼中，就是最慈祥的人。"

我说："好吧！我教出来的都是一群什么没良心的学生……"

后来，我假装"慈祥"，委婉地告诉那个姑娘：在考研这件事上，能证明你不再是个孩子的唯一途径，就是立即行动，听课学习；如果选择了考研，无论经历了什么样的苦，都不要在父母面前哭喊、抱怨，咬牙也要坚持到考上研究生的那一刻。

当你把录取通知书甩在爸妈面前时，他们自然会感叹你的成长；即便未能考研上岸，明智的父母看到你的坚持、努力和无悔选择，也会惊讶于你的执着。

怕就怕你不仅自己不努力，还受不得别人说你不努力。

如果你已成年，继续在物质上啃老，精神上也从未断奶，父母把你当孩子，有错吗？

如果你是无志之人常立志，目标永远只是挂在嘴上，又凭什么让别人不把你当孩子？

如果你每做一件事，还没开始，就想到了一堆放弃的理由，你也永远是个孩子的心智。

二

我又想到了我的表弟。

几年前，他在北京邮电大学读书。大一刚放暑假时，他在朋友圈看到一个哥们儿晒的骑行回家照，觉得一路吃喝玩乐，还能锻炼减肥，有点儿意思。正好舍友也是邯郸人，两个人一拍即合，决定来一场"说走就走的旅行"。

第二天吃完早饭，两个人发了朋友圈，顶着骄阳，雄赳赳、气昂昂就出征了。

结果，刚出五环，舍友就说："这太阳太毒了，受不了了，汗流得眼睛都睁不开，要不咱们回去吧？"

话还没说完，表弟就应了一声："行。"

一拍即合，两个人打了辆出租车，回到学校食堂喝了两瓶冰镇啤酒，再回宿舍冲完澡，睡了一大觉，第二天买了回家的高铁票。

两个人都发了朋友圈，互撑对方是猪队友。

据说，那次表弟回到家，舅妈看着皮肤晒伤的儿子，还嘲讽了一番。

一年后的暑假，我去舅妈家蹭饭时，刷到了表弟的朋友圈，他和舍友又要开启骑行回家的远征之旅了。

我点完赞，留了个言："当心路上有女劫匪！有难时，就牺牲一下舍友吧。"

吃完饭，舅妈也接到了表弟的电话。

谈话一开始，还母慈子孝；不一会儿，就听到舅妈大喊："我不同意，你是吃饱了撑的吗？路上出点儿啥事，遇到坏人，怎么办？"

表弟在电话那头，也大声喊道："我给您打电话，就是跟您说一声，不是问您同不同意的！"然后，电话就挂断了。

10分钟后，表弟给我打来了电话，他告诉我：这次，他和舍友两个月前就在网上查阅了路线，看攻略准备了应急的物资，还花了几天时间跟学校里修车的师傅学了修理……

总之，就是让我转告舅妈和舅舅，他和舍友做了充分的准备，让家人放心。

听完我的转述，舅妈不仅不反对了，还一个劲儿夸："好吧，这臭小子，长大了，有出息了！"

最后，他们不仅顺利完成了460多公里的骑行，还在旅途中逛了几个景点，品尝了沿途的各种美食：熏鱼、酱菜、驴肉火烧、羊汤、焖子、酥鱼……

最关键的是，他们骑行了一星期，不仅没晒伤，而且没晒太黑。

因为他们出发前查阅了足够的攻略，也做了细致的规划：早晨太阳刚出来时开始骑行，等天热了，就找地方休息；等下午天不太热了，再继续骑行……

亲爱的朋友，看到了吗？如果你不想让父母反对你，不想让他们说你不成熟，不想让他们觉得你幼稚，最好的办法不是吵架，而是把你合理的计划分享给他们，然后用行动和结果来证明自己的独立和成长，哪怕只是长途骑行这样的小事。

记住：别一把年纪了，还像个孩子。想让父母觉得你不是个孩子，你先要自己把自己当大人。

永远不要停下前进的脚步

人生就像一盘红烧肉

一

我还在大学教书时，某天上午的课程结束后，一个学生找我，他叫小雄。

看着他一副半死不活、垂头丧气的样子，我问："有事吗？"

他说："老师，我想死！"

我贱兮兮地笑了一下，说："行，去死吧！记得写个遗书，至少有一句话：'我死了，跟石雷鹏没有关系。'"

看着我一副满不在乎的样子，他先急了："老师，您怎么能这样呢？"

我假装一脸无辜地看着他，说："我能怎样？难不成，你还让我跟你一起去死吗？"

没想到的是，这浑小子居然笑了："这敢情好，黄泉路上有个伴儿。就喜欢跟您这样看着不正经实际特别正经的老师聊天……"

"停停停，你给我打住，有啥事？快说！我还得吃午饭。"

"我觉得自己特别失败，一无是处……"

"也不是吧？据我观察，你应该至少有两个优点，想听吗？"

"想听。"

"想听，就先夸夸我。"

"老师，您真帅。"

"你不是一无是处，根据我们刚才的对话，你的两个优点：一是有自知之明；二是有眼力见儿，会说话，知道怎么夸人。"

"老师，您这么一说，我不想死了。但我还是觉得自己很失败，感觉什么都比别人差，怎么办？"

"能具体点儿吗？哪儿差？越具体越好。"

"没别人家有钱，长得没别人帅，成绩没别人好，四级也没过，别人都有女朋友了我还母胎单身……"

我打断他，说："慢点儿来，咱们一个个问题掰扯。先说第一个问题，没别人家有钱，要么重新投胎，要么认清现实，努力学本事，将来挣更多钱。第二个问题，长得没别人帅，但也不算丑，这个问题，过。第三个问题，成绩没别人好，四级没过的主要责任在我，老师教得不咋的，而且对你监督不严，没能在你不想学的时候立即出现在你身边骂醒你，没有在你早上睡懒觉的时候把你拽起来，没有在你打游戏时阻止你，没有在你背单词背不下去的时候陪着你一起背，没有在你考试不会写时替你答……"

"老师，您怎么能讽刺我？"

"作为老师，没把你教好，我也很失败，我也不想活了。"

"老师，您又不正经了！"

"打住，下一个烦恼是啥来着？"

"别人都有女朋友，我没有。"

我听完哈哈大笑:"第一,并不是所有男生都有女朋友,你不孤单。第二,如果你是个女孩儿,你会看上现在的自己吗?"

他摸了摸自己满是头油的"秀发",摇了摇头。

我接着说:"你的这些问题,都是因为太懒,不够努力。如果你玩命努力,哪还有时间想这些破事?"

"其实,我努力了。有个舍友,我不太喜欢,但他很优秀,我暗地里把他当竞争对手,铆足了劲儿也没超过他,心里不舒服,怎么办?"

看了看教室墙上挂的时钟,我说:"走吧,跟我一起去教工食堂蹭个饭吧,边吃边聊,我一两句没法儿说清楚。"

他说:"好吧!没想到老师您这么好!"

"我发现了,你还有第三个优点,知道是啥吗?"

"不知道。"

"脸皮厚,我就跟你客气一下,你倒是一点儿也不客气哦。"

"一日为师,终身为父。老子请儿子吃饭,不过分。"

"这么不要 face(脸),果然是我教出来的学生。"

二

那天,我们边吃边聊,聊了很多。

他说自己小学、初中、高中和大学,读的都不是重点学校,在班里成绩也一直很平庸,没啥才艺,长得也不够帅,属于普通得不能再普通的人了。

他还说,之前从来没有过什么想法,觉得自己就是个平庸的人,努力了也没啥用,优秀都是别人的。进入大学后,听了我课上的一些分享,觉得自己的生命中缺了点儿什么东西,才有了努力改变的想法。

他说，自己努力了，但很受挫。比如铆足了劲儿学，考的成绩也没舍友好，感觉自己努力的终点才刚刚是人家的起点。

看到了吗？人不成熟的标志之一，就是付出了就想立即有回报。

现实生活中，有很多像小雄一样的孩子，考前背几个单词，就想把四六级过了。他们从不想自己从小到大在学习上给自己挖了个多大的坑，考前学的零星知识，连坑底都填不平。

有的男生跟人家姑娘没说几句话，就希望人家爱上他。你想获得爱情，凭什么？靠脸，靠身材，靠才华，靠财富，还是靠有趣的灵魂？你总得有一样东西拿得出手吧。不懂得经营自己，就注定要孤独终老。

刚踏入职场的小白，不要没有付出时就憧憬着回报，你得先努力让领导看到你的成绩、发现你的成长、认识到你的重要，这样你才有升职或涨薪的可能。当你没为公司创造价值时，就是公司在拿钱养你，你得加速奔跑才能不被淘汰。

有人去健身房，假模假样地跑步半小时，就立即上秤看是否减掉了10公斤。你用的是跑步机，还是甩肉机？

你是一粒种子，只经历了春耕，尚未熬过酷暑，就想着结果，能结出什么样的果？

所以要立长志，而不是常立志。

我一番慷慨陈词，小雄也不抬头，只顾着低头吃盘子里的红烧肉。

"红烧肉好吃吗？"

"好吃。您也来几块，别一直说呀！"

"会做红烧肉吗？"

"不会。"

"会吃不会做。见过谁做吗？"

"见过，我妈经常做。"

"红烧肉下锅就能熟吗？"

小雄想了想，然后夹起一块红烧肉，送进嘴里，细细品了一下，说："红烧肉做起来还挺复杂的，选肉，焯水去腥，腌制，开火烧油，加调料，小火慢炖，再起锅收汁，最后才大功告成。"

看着吃得津津有味的小雄，我内心不禁感叹："是呀！人生，就像一盘红烧肉。需要持续努力才能精彩，慢炖的红烧肉才能色香味俱佳。"

他也若有所思地看着我，不知道是看懂了我在想什么，还是在回味口中的红烧肉。

三

吃完了红烧肉，我问他："红烧肉这么好吃，还想死吗？"

他摇摇头，说："不想了！没想到当老师这么好，还能每天吃红烧肉。"

"没出息的样子，怎么就知道吃？"

"老师，我还有个小问题。相比以前，我已经很出息了，但每次努力时总会不自觉地把自己跟身边的人比，比如刚才提到的舍友，他各方面都比我强。虽然知道应该跟自己比，但还是不免会受到影响。怎么办？"

我坏笑了一下，说："给你支个着儿，回去整个小木人，写上舍友的名字，然后心里不平衡时，就扎一扎！"

"老师，您又开始不正经了。能给点儿正常的建议吗？"

"你不笨，只是荒废自己太久了，不过现在开始追赶，还不晚。追赶牛人，最终你也会成为一个牛人，甚至超越他。"

小雄悻悻地低下头，问了一句："我就怕努力了，还是没有别人厉害，怎么办？"

我笑了笑，一本正经地说："即便最终你没有超越牛人或像牛人一样厉害，但追赶牛人的过程足以让自己变得更优秀。"

如果你是一个以别人为目标而活的人，即便努力，获得的痛苦也会远远多于快乐。

那天的阳光很好，我看到了小雄脸上的释然和坚定。

四

不管我们是否愿意承认，我们的身边就是有人天生丽质，偏偏家境还好；有的女孩儿虽然貌不惊人，偏偏就能"勾搭"上高富帅；有的人已经优秀到"令人发指"，偏偏还比你努力百倍；有的人明明一大把年纪了，偏偏还能装嫩而且还装得很可爱……

有没有这样的同学？小学、初中、高中和大学，读的都不是重点学校，在班里成绩也一直很平庸，也没啥才艺，长得也不够靓，属于普通得不能再普通的人。

其实，你我都是普通人，可能用尽了毕生的力气，你我还是个普通人。

你改变不了这个世界的时候，请你选择努力，让自己更优秀。

如果依然无法超越别人，那就请你保持良好的心态。别人用 1 年做成的事情，你用 2 年；别人用 5 年做成的事情，你用 10 年；别人 10 年做成的事情，你用 20 年。实在不行，就保持身体健康，心情愉快，先一个个送走他们，你最终还是会成就自己！

虽然我们不能所有事都心想事成，也不可能想做什么就做成什么，但我们依然要去努力做点儿什么。我们来过，就要在这世界上留下点儿东西。

最后分享一首小诗，给每一个平凡但努力的人。

If you can't fly, then run.

If you can't run, then walk.

If you can't walk, then crawl.

But whatever you do, you have to keep moving forward.

（如果你不能飞，那就努力奔跑。

如果你不能奔跑，那就努力行走。

如果你不能行走，那就努力爬行。

但无论你做什么，永远不要停下前进的脚步。）

当父母催婚时

听说过这样的家长吗？跟防贼一样防着孩子恋爱。

初中时，对孩子说："不要早恋！"

高中时，告诉孩子："恋爱会影响高考。"

读大学后，告诫孩子："现在谈对象，毕业了也不得不分手。现在要以学习为主，考上研究生，自然就有对象了。"

问题是："自然"在哪儿呀？

一个学生对我说："我都是研究生了，我妈还不让我谈恋爱。唉，真是服气了，你没能力给我的，也绝对不允许别人跟我一起打拼吗？石麻麻，心好累。"

我说："你妈又没有24小时管你，你就不能阳奉阴违吗？课白听了？怎么就一点儿心机都没有？"

一

读书时不让谈对象，毕业就催婚。

很多父母,联合七大姑八大姨成立"催婚协会"。你刚毕业,就开始催你找对象,还要有房、有车、家境优渥、父母脾气秉性好、长得好看、工作体面……

可是,这么合适的结婚对象,能从石头缝里蹦出来吗?

更关键的是:他们说合适就合适呀?结婚的人又不是他们。

不一样的爹妈,一样的催婚。

父母催婚的本质有两点:首先是他们给你的建议——早结婚,不再孤单;其次是为了满足他们的期待——你能享受家庭生活的幸福,他们也能迎来孙辈,享受天伦之乐。

这本身没有错,但不管父母怎么催,你要记住:不要也不能为了父母的愿望,绑架自己,牺牲青春。

我的表姐,一位白富美,高知青年。小学、初中、高中、大学、硕士、博士,一心扑在学习上,成绩名列前茅;重点小学、重点高中、吉林大学本硕博一路开挂,直到毕业。

毕业后就职于某高校,上班第一天回家,小姨就开始催婚。

表姐说:"不用催,你们的心情我理解,但千万别逼我,逼急了我就去国外再读个博士后,5年后咱们再商量。"

小姨笑了笑,说:"不催就不催,但这件事,你还是要上心点儿,虽然知道你不愁嫁……"

后来,过年时,我去他们家拜年。

聊天时,小姨嗑着瓜子,冷不丁问表姐:"初中那会儿,送你回家被我撞见的男生,还有联系吗?要是还有联系,记得多交流交流哦……"

表姐一脸蒙地说:"妈,您说的是谁呀?"

"就那个小伙儿,高高的、白白的,挺文静的……"

表姐想了想,开始翻箱倒柜,把小学、初中、高中甚至幼儿园的毕业照全部找出来,一个一个排查,搜索未来姐夫。

最终,表姐的姻缘是圆满的。据说就在那天,送走了亲戚后,小姨和表姐通力合作,通过翻看毕业照筛选出了后来的姐夫——她同为博士毕业的小学同学。

二

听说过这样的孩子吗?

青春期,老跟父母、老师对着干,逃课、去网吧打游戏、打架、抽烟、喝酒、混日子、上房揭瓦、调戏姑娘;跟父母吵架后,离家出走,玩失踪。

我读高中时,还听说一个同学被警察叔叔抓起来后被学校开除了,因为他和几个社会青年一起去色情场所做"大保健"。

我在青春期,也干过一些荒唐的小事。比如跟父母吵架后,为了解气,就用开水把院子里新栽的果树浇一通(跟电视上学的)。

叛逆就是"拗""跟你对着干",你让往东我偏往西,你让左转我就要右转。

成熟是内心有定见,你说往西,我继续往东;你说往东,我还是往东。

曾经一个刚毕业的女孩儿问我:"成年人与父母的冲突,怎么应对?类似催婚,甚至逼婚。"

我说:"你从了他们吧,毕竟你白吃白喝,寄人篱下。"

"那不行,我还想潇洒几年。"

"万一，你妈让你相亲的人是个优质潜力股，错过了岂不可惜？"

"我不仅不急着结婚，连恋爱都不着急谈，我有更重要的事要做。"

"但是，你努力做事，也不耽误谈恋爱呀？"

"我不想委屈自己谈低层次的恋爱；宁可单着，也不愿将就。"

"那就行动，也让父母知悉你的梦想，看到你的努力，知道你的心劲儿……"

当你和父母想法冲突时，你要理解他们是在以自己的方式期待你幸福，而你也要懂得用自己的方式追寻幸福。

三

如果你因父母催婚而火冒三丈，觉得自己的爱情观被侮辱了，很有可能你的生活也是一团糟。

如果你把自己的生活过得寸草不生，怎么能让父母不担心你？别人嫁人是嫁人，你嫁人是"嫁祸于人"。

想不让父母催，你得自己先争气。

我的一个姐们儿，父母从不催婚，还建议她晚婚。别人问起她父母孩子的婚事，他们总说："我女儿很优秀，不愁嫁。"

姐们儿自己也说："不想结婚，谈个恋爱就行了，身体和灵魂都有人陪；结了婚，就不是两个人的事了。"

我问："你打算什么时候结婚？"

"40岁之前不考虑。"

一年之后，她发了喜帖，说："在我27岁生日那天，相恋三年的男友突然求婚了，我一时糊涂，就点头了。"

有句话，怎么说来着？嘴上说不要，身体却很诚实。

我想，很多人口口声声说不恋爱、不结婚，多数原因是没有合适的人求爱、求婚吧？

自身优秀，可能嫁得圆满；自身不够优秀甚至一团糟，如果有人愿意"接盘"，你就偷着乐吧，毕竟是"嫁祸于人"呀。

你是嫁人，还是"嫁祸于人"？

不管怎样，如果你母胎单身，那就多努力点儿吧。当你足够优秀时，自然有人关注你，而你也可以更自信地站在喜欢的人面前，去接受或争夺属于自己的"奶狗"。

家，有时候不是讲道理的地方

一

放寒暑假回家，第一周，母慈子孝；第二周，鸡飞狗跳；第三周，爱恨交加；第四周，蹦蹦跳跳，离家归校。

还有同学说，如果把"周"换成"天"，就是我假期在家更真实的写照了。其实，家中还有一大奇观，就是父母吵架。

居家学习时，除了环境舒适容易导致的注意力不集中和效率低下，更大的挑战还在于父母争吵时产生的噪声。

怎么办？

尝试沟通，学习沟通技巧，成为沟通高手，当然是长远之计。但远水解不了近渴，而且有些家长的观念和习惯，早已根深蒂固，即便你尝试和他们沟通、讲道理，结果可能也是如蚍蜉撼树，于事无补。

冷静下来仔细想想，父母之间或你和父母之间为啥吵架？很多时候，都是一些鸡毛蒜皮、根本不值得吵的破事。

我妈让我爸打开一个包装精致的纸盒子，我爸半天也没弄开。

"你智商怎么这么低？连个盒子都打不开。"

"你能不能好好说话？怎么说话这么大火药味儿？"

"我怎么了？说你不对吗？这么大一个男人，还不能说几句？跟你说话真累！"

"你这说话方式，真不想搭理你！"

"我才不想搭理你呢！不想说，就离婚！……"

我尝试跟我妈妈讲道理，我说："妈，请您以后说话时，别总贬低别人。"

我妈瞪着小眼，反唇相讥："你怎么跟你爸穿一条裤子？还是我儿子吗？"

我头转向了我爸爸："爸爸，您也真是的，我妈说您两句，您就受不了，还是个男人吗？"

我爸怒气冲冲要揍我，我妈笑得花枝乱颤！

看到了吗？父母有时很孩子气，他们虽然养孩子，但有时自己也像个孩子，孩子气是不分年龄的。

这个世界任何地方都会和你讲理，唯独家不是讲理的地方，对家人多点儿耐心！道理讲不通，只能讲"情"了——"亲情"的"情"，何况你也是人在屋檐下。你可以对很多人不讲"情"，但要对家人、爱人讲"情"，因为爱。

讲"情"，就是包容，没有包容之心，道理再多也讲不通。而且，比讲道理更难的，往往是包容，道理源于理智，而抱怨源于爱。

除了建议家人、爱人之间要包容，我还是引用多萝西·迪克斯的名言来提醒大家一件事："那些刻薄伤人、极尽侮辱之能事的话语往往来自我们的家人。这一真相令人震惊，然而事实的确如此。"

好好说话很重要，无论是跟家人还是外人。

曾经有同学问我："父母老吵架，应该怎么办？"

我不是这方面的专家，但最近我看到了一个名词，叫"动态平衡"：有时候，表面上看起来老两口儿在吵架，似乎不太和谐，实质上他们在吵架中维持动态的和谐。如果他们的争吵已经延续了几十年，那么他们其实早就习惯了。

有时候，我感觉父母是吵着玩，我就撺掇他们离婚，我爸就骂我："看热闹不嫌事大！"我还说，如果他们离婚了，房产都归我，请他们两个净身出户；然后他们就掉转枪口对我开火，说我没良心，他们养了个白眼狼。

如果实在想管的话，我建议你去请外援，比如：下次他们再吵架时，给他们录下视频，然后发个朋友圈求助（设置成亲戚可见但父母不可见），让亲戚来帮忙调解。

如果可能，也请父母读读关于婚姻或人际方面的书，比如卡耐基在《人性的弱点》中就提及"幸福家庭生活的七个法则"："别唠叨了"、"不要试图改变对方"、"请勿责难"、"真心诚意地欣赏对方"、"细微之处见真情"、"谦和有礼"、"读一本解析婚姻中性事的好书"（这一条是针对夫妻的）。

真正聪明的人，都懂得敬畏专业

一

去年，有个同学来向我求助，征询我的建议。

她准备考研期间，妈妈意外怀孕，也确实想要生二胎；爸爸不得不更努力挣钱养家；她呢，在家二战考研，考研初试的前一个月，正好是妈妈二胎的预产期。

妈妈毕竟是高龄产妇，产前体检、陪产、产后护理，各种事情她都要操心，身心俱疲，一度想要放弃考研，问我怎么办。

我说："你生过孩子吗？"

她说："没有。"

我问："你学过产科或护理知识吗？你照顾过产妇吗？"

她说："没有。"

我说："你看你啥也不会，干着急，帮不上忙吧。操心是应该的，但能不能帮上忙的关键是你有没有这方面的知识和技能。当然，你可以学，但你能保证一学就会吗？即便学到了知识，能确保实际操作不出偏差吗？你去照顾生二胎的妈妈，等于是拿她练手。"

她问："那该怎么办？"

我说："出点儿'血'，跟你爸妈商量商量，花钱请个专业的月嫂照顾你妈妈，多花点儿钱，买个安心、放心和舒心，毕竟人家就是专业搞这个的。你妈妈这辈子还能生几个孩子？所以，这个钱要花，是花在需要的地方了。"

她听我一番规劝后，高高兴兴离开了。

虽然我也不知道这位同学后来初试成绩如何，但我知道，她如果请了专业的月嫂来帮着照顾妈妈，一定比她自己照顾得好，而且她也可以腾出时间，去专心地准备考研。

关心但无能为力、干着急使不上劲儿时，就应请专业的人来做专业的事。

二

当你进入一个新领域时，如果只依靠自己的苦苦摸索，结果多半是事倍功半，而且你也实在没有必要把别人踩过的坑，再用自己的肉身挨个儿踩一遍。

我刚当培训老师时，就不知道怎么把课讲得生动高效，该怎么办？

一个前辈贱兮兮地告诉我一个字：悟。我仰望星空，俯视大地，也没能悟出路在何方。

后来，我想明白了：要么就不学，要么就跟着最牛的人学。

于是，我就先把所有知名老师的课程全部买下来（一部分是免费下载），然后开始听，边听边记笔记，笔记的内容不仅是知识，还有段子、节奏、课程设计、语气把控等。

然后就是讲课。当我真正讲课时，又发现别人的东西终究是别人的东西，有些内容你可以复制，但无法粘贴到自己的身上。

怎么办？

我决定请"外脑"。这是我发明的词，请"外脑"的意思，就是请求外围的大脑帮助。

我先找到之前的学生，请他们吃饭。之后，找个空教室，开始给他们讲，请他们提意见、提需求、提期望——初步了解客户。

但学生可能听不出来门道，你给他讲个荤段子，他笑笑，觉得你幽默风趣。但关于课堂知识内核，还是提升不了，怎么办？

继续请"外脑"。

我利用所有能利用的机会向身边更优秀的高手请教，主动邀请他们来听课，不断探讨，从点到线再到面。比如，我多次主动找讲阅读的尹延老师来听我的写作课，他提了很多学生想不到的建议。

总结一下我的个人经历：职业的前多半段（80%左右），找专业行家来做"外脑"，大概率胜于独自一人的胡闯乱撞。

剩下的20%怎么办？没有人能帮助你彻底解决所有的痛点。有些痛点是我在听别人的课中发现的，有的是别人给我提建议时发现的，有的是我自己在教学中尚未解决的，怎么办？

陆游说："汝果欲学诗，功夫在诗外。"

除了读透专业经典书籍、聆听行业大师的声音，每个行业（至少是教师行业）还需要涉猎其他领域的知识，比如管理、沟通、演讲、心理学，甚至还要定期给学生灌点儿"鸡汤"，增加他们学习的动力。

三

电影《中国机长》是根据真实事件改编的故事。

当时客机在万米高空飞行,驾驶舱风挡玻璃突然破裂脱落,飞机上有100多名乘客,为了带他们安全回家,机长挑战人类身体极限(零下40多摄氏度的高空低温),艰难地进行手动驾驶,最后把飞机安全降落在成都机场。

电影中,有个片段令人印象深刻。

当乘客知道飞机出故障时,舱内一片恐慌和混乱,尖叫声、哭喊声、叫骂声,乱成一片。

有个乘客甚至要冲进驾驶室,他质问:"机长是怎么开飞机的?我要见机长……"

此时,乘务长站出来,极其冷静地问了一句:"飞机给您,您会开吗?"

乘客吼叫道:"我害怕回不了家,我不想死!"

乘务长继续说:"你这样根本回不了家,还会害了全机舱的人。你要相信我们的机长,从飞行员到乘务员,我们每一个人都经历过日复一日的训练,就是为了保证大家的安全。我们需要你们的信任。"

听到这几句话,机舱内所有人都安静了。

电影的最后,飞机安全着陆了。那一刻,我想,包括那个咆哮的乘客在内的所有乘客,一定懂得了四个字——敬畏专业。

真正聪明的人,一定懂得敬畏专业,请专业的人来做专业的事。

这就像你要做个心脏搭桥手术,你不去求助专业的医生,难道要在网上搜索,自己动刀吗?

给生活埋点儿"彩蛋"

一

古典老师在《你的生命有什么可能》中说:"一旦一个人把是否'有用'作为事情的唯一评价标准,那么这个人活得无趣就天经地义。"

当你活得太"有用"时,"有趣"就离你越来越远。

我刚来北京时,过得穷困潦倒,那时觉得最有用、最靠谱的真理只有一条:多挣钱。于是,我疯狂讲课,把能用来挣钱的时间全部用来挣钱。结果,几年下来,身体虚胖很多,挣到的钱很少,都是辛苦钱。

你太看重什么,你就会成为什么的奴隶。实现财富的最大化,当然没错,但如果只盯着挣钱而忽视了成长,最后一定挣不到钱。

如果你的工作重复性高,还很忙,可能就是瞎忙、穷忙。有时,你甚至会陶醉于这种忙碌所营造出来的虚假成就感中;但仔细想想,重复性的工作,一遍遍做,你能有进步吗?

无论你多忙,请给自己的生活埋点儿"彩蛋",比如:花时间独处。

独处,不仅是为了休息,也是为了反思和规划,从一堆忙碌的事情中厘清最有价值的事情。

今天，我这本书中绝大部分的文字，都是在时光的留白中，边喝小酒，边动笔写下的（在此特别感谢尚龙老师送我的酒）。

在独处的自由时光里，我尝试了生命中从未想过的另一种可能——写作，然后就有了今天的这本书。

无论你多忙，请给自己的生活埋点儿"彩蛋"，比如：花时间娱乐。

以前，我瞎忙穷忙，不给自己太多休闲娱乐的时间，貌似很勤奋、很励志，但牺牲的是健康、效率，得到的是压抑和苦闷。

英文中，"recreation"一词表示"娱乐"或"消遣"，其中前缀"re"表示"再一次"，"creation"表示"创造"，所以，我猜想"recreation"表示"娱乐"的本意是想说：娱乐是再次创造自我的过程。

独处时的娱乐，自得其乐，创造新的自我。

与朋友一起娱乐，打球、KTV里对酒当歌，创造的是亲密的友谊和释放压力的洒脱。

与爱的人一起娱乐，去看大海、晒日光浴、爬山，创造的是温馨浪漫的爱情。

娱乐只要适度（比如喝酒但不酗酒），就会帮助你成为一个会玩且有趣的人。

我相信，你一定听说过一句英文："All work and no play makes Jack a dull boy."（只工作不玩耍，聪明孩子会变傻。）

二

"中年滞销书作家"李尚龙说，无论你多忙，请给自己的生活留点儿"彩蛋"，比如：改变自己，留点儿后路。

世界很残忍,你现在很好,并不代表将来永远不受伤害,因为干掉你的并不一定是你的对手。

我有个朋友,前些年生意兴隆,家底殷实,是华北好几个城市的方便面品牌经销商。

去年,几个朋友和他聚会时,他感叹生意越来越不好干,我问:"为啥突然之间就不行了呢?"

他反问我:"你有多久没吃方便面了?"

我想了一下,说:"昨天刚吃过,因为知道今天要见你,怕被你问。"

他哈哈大笑,说:"真够哥们儿,但你上上次吃方便面是啥时候?"

我说:"记不起来了,但应该至少是一年前了。"

他接着问:"平时不吃方便面时,你吃什么?"

我说:"外卖。"

他说:"你现在知道了吧?干掉方便面行业的不是方便面自己,而是外卖,跨界打击,颠覆和毁灭性的替代。"

那天,他分享了方便面行业的一些现状:统计数据表明,方便面这个行业的产量和销量,正在以每年几十亿包的速度锐减。

因为有外卖,曾经广受男女老少欢迎的方便面产业,遭遇了前所未有的滑铁卢。连续18年畅销的国民美食方便面,如今销量腰斩,因为有了外卖。

自从有了外卖,加班时、周末宅家时、外出旅行时,大家不再吃泡面,想吃啥,手机下个单,直接送到身边。外卖快捷、品类丰富,虽然价格略高,但也能接受。

干掉照相机的不是照相机自己,而是手机的跨界打击,因为智能手机的拍照功能已经足以满足一般的摄影需求了。

炒掉翻译行业低端从业者的，不是翻译行业，而是机器翻译的跨界打击。

导致大型商场销量惨淡的不是商场之间的竞争，而是网红、明星等直播带货的跨界打击。

在这个科技产品高速迭代和产业链高度重叠的今天，将你打入深渊的往往和你没有关系，跟你更没有深仇大恨，但它就是把你拍死在了沙滩上。

刘慈欣在《三体》这部小说中写了一句话："毁灭你，与你何干？"

这句话所蕴含的道理，值得所有人深思。你总要给自己的未来埋点儿"彩蛋"，这样才能在危机来临时，有重新选择的自由。

不要只是忙碌地活在当下，停下来想想，你的行业和工作被颠覆或取代时，你将何去何从，这也就是给未来埋个"彩蛋"。

三

几乎所有的不愿改变，都源自对未知的恐惧。不知道能不能适应，不确定会不会更好，所以故步自封。

很多时候，犹豫不决，下不了决心，首先是怀疑自己能力不足，其次是因为没有勇气面对不确定的世界。

但你总要尝试，总要玩命努力去争取之后，才能知道自己到底行不行。

你不能再一成不变地瞎混日子了，年轻时，多给自己的生命留下一些"彩蛋"，在独处时做点儿有趣的事，在积极的娱乐中享受青春的潇洒，也尝试勇敢地走出舒适区去看看外面的世界。

Chapter 06

我曾经是个
　　　　文艺青年

宜卓越，忌平庸

曾经引以为豪的事，差点儿毁了我自己

考研和四六级成绩公布了，很多同学在微博和微信上与我分享好消息。

作为老师，这是我们收获的季节。陪伴了一个考试季，学生的好成绩，也算对自己过去一年辛勤工作的肯定和赞许。

教过那么多学生，帮助很多人取得了不错的成绩，帮助他们在未来创造了更多选择的机会，甚至改变了他们的人生走向。无论从哪个角度看，这都应该是值得骄傲的。

但我真的高兴不起来，因为我越来越深刻地感受到：那些曾经引以为豪的事，可能正在毁掉自己。

一

从2008年开始做英语教学培训，这些年我前后讲授过托福、雅思、考研、四六级和中高考英语考试类写作课程；后来，专注于四六级和考研的培训。

因为专注和潜心研究，我的大脑中精准储备着四六级和考研的考题和解题套路，授课时还能插科打诨地把知识、段子和调侃糅合到一起，完成讲授。甚至在个别年份，还能走次"狗屎运"，押中或擦边当年的考题。

很多同学在考研上岸或考过四六级之后，也会发来各种诚挚的感谢和夸赞的溢美之词。这种成就感，有时让人沉醉、引以为豪，甚至沉迷其中，觉得自己很厉害。

一个人一旦沉浸于这种精神世界的享受中，可能是走向沉沦的开始。打一个或许不太恰当的比方：这种享受，就像精神鸦片，让人欲罢不能。

鸦片这种东西的可怕就在于吸食之后立即有快感，而且很容易上瘾，让人身体越来越虚弱但还是要继续，直到被榨干。

我有个习惯，几乎每天都会在微博或微信上与学生互动，关注他们课前、课上和课后的评论和反馈。好评远远多于差评，就像吸食鸦片一样得到了即时的精神享受，而且容易上瘾，因为在自己的认知层面，这件事还很崇高。

但偏偏是这件引以为豪之事，在一步步蚕食甚至毁掉我自己。

这种令人痛彻心扉的感受，还要从一件小事说起。

这些天，工作之余，我在看朋友送我的几本纸质图书（中译本）。虽然译者翻译得很不错，但读起来依然没有原汁原味的感觉。于是，我便从当当网上购买了电子英文原版来读。

结果，你猜怎么着？

首先，书中有很多既陌生又熟悉的单词，肯定背过但就是想不起啥意思。这个感觉一出现，我心里就咯噔一声，嘀咕道："完了！"

因为长期讲授四六级和考研的课程，接触的全是四六级和考研的词汇，考试中没怎么出现过的单词，变得似曾相识！水平本来就不高，现在还严重下降了！

我狠狠地捏了捏自己的大脸，鼓励自己继续读下去。

结果，你猜又怎么着了？

我一边默读英文句子，一边情不自禁地开始了"三脱法"的长难句分析，中间还夹杂着写作句子的自我讲解。当时真的抽了自己一个嘴巴子，有点儿疼，没舍得继续下手。

但手心冒出的冷汗却惊到了自己。是的，我手心冒冷汗了。习惯了享受教学的感觉，连读书学习都摆脱不了思维的惯性。

再细细去想，这些年，除了教学，我还有其他本事见长吗？如果四六级或考研取消了，我还能做什么？

当然，你可能说，还不是因为你笨，因为你懒，谁拦着你读英文原版书了？谁不让你去其他领域学其他本事了？

只沉溺于做自己擅长的事情，就是在毁掉自己。只做自己擅长的事情，你的视野变窄了，也就无法创造更多的可能性。

二

几年前，我还在大学教书，我所在学院的院长在聊天时告诫我："小石呀，我挺担心你的。"

我说："没事！郭老师，我能吃，能喝，能玩，能睡，能干好工作，您别太担心我！"

郭老师笑了一下，接着说："有一种东西，叫'捧杀'，就是在赞誉声中让对方迷失自我。别人夸你，你的潜意识里就逐渐形成了一种自己很厉害的印象。越是有人夸你，有人需要你，你就越有成就感，就越沉浸在这种享受中。然而，你做的事情，可能只是你擅长而已，仅仅是重复做着同样的事情而已……"

后面，还有很多话，我就假装在听了，心里还嘀咕：这老头儿杞人忧天吧？

再后来，我从大学辞职，投身在线教育行业，郭老师讲过的话，早就忘得一干二净了。

有些道理，可能真的只有亲身经历后，才会有切身体会；有些坑，只有自己踩过了而且摔得鼻青脸肿，才能印象深刻。

今天，我把自己剖析给你，希望读到这篇文字的你，不要只做自己擅长的事情，即便这件事令你引以为豪，你也要尝试去改变、去破局、去创造更好的自己。

所有的成长都来自舒适区之外。

所有的不愿改变，都源自对未知的恐惧。因为对未知的恐惧，导致你只选择做擅长的事情。

对于改变，不知道能不能适应，不确定会不会更好，所以故步自封。

很多时候，犹豫不决，下不了决心，首先是因为怀疑自己能力不足，其次是因为没有勇气面对不确定的世界。

但你只有尝试，只有玩命努力去争取之后，才能知道自己到底行不行。何况，这个过程本身就是一种成长。

先做好自己擅长的事情，但不要只做自己擅长的事情。

有改变的机会，就有机会改变。

永远不要停下前进的脚步

我曾经是个文艺青年

一

我初中时的英语老师是个刚刚大学毕业的女青年，那时的她年轻、漂亮、温柔，一下子激起了我学英语的热情。

每次上课，我都会目不转睛地盯着她看，很认真很专注。

有一次，我像往常一样盯着老师看时，发现她也看了我一眼，然后白皙的小脸突然变得绯红。

那个时候的我，还不知道自己其实已经在暗恋她了。

我们年幼时，会习惯性地因为喜欢一个老师而喜欢并努力学一门课程，结果往往是只要你努力了，一般就不会差到哪儿去。

所以，初中时，我的英语成绩还算不错。虽然不是经常满分，但也是经常接近满分。

二

读高中后，英语老师换人了，我在失落的同时也有几分期待，还会不自觉地把高中老师和初中老师进行对比（现在想想，在不同阶段，其实没啥可比性）。

少年的我，多少有几分恋旧情怀。

高中的英语老师是班主任，男的，不帅气，不温柔，也不重视我。那个时候选班干部和课代表，不让我当班长也就算了，我说："能不能让我当英语课代表？"

他顿了顿，说："英语课代表已经安排了咱们班的××同学。"

看着我情绪低落的样子，他接着说："不过，英语课还缺一个副课代表，可以由你来担任。"

我想了一下，副课代表好歹也是课代表，总比啥也不是强吧。

于是，就欣喜若狂地接受了。

班主任宣布干部名单时，我才发现只有英语课有副课代表。而且那天下课后，还有同学笑话我："如果是副班长，还有点儿脸面；课代表，还是个副的，就他才愿意当。"

那天晚上，自尊心极强的我，一晚上没睡好，也想明白了一件事：除非课代表辞职、转学、退学或让贤，否则我这个副课代表就得一直"副"下去；与其这样将就，不如选择主动退出。

于是，第二天，我郑重地找英语老师辞职，当然他也没挽留一下就答应了。

三

从"领导岗位"上退下来的我，一度心情沮丧，于是开始了文学创作。

那个时候，读得最多的就是武侠小说，读着读着，就发现很多作者的创作都是有套路的。凡是有套路的事情，就有套路可玩。

于是，我尝试自己动笔写武侠小说。

我的小说男主人公叫司马斜，女主人公叫欧阳莎莎。

之所以选择这两个姓氏，是因为武侠小说中很多高手都是复姓。男主人公司马斜的妈妈生他时，正值斜阳西下。

整个故事的情节也中规中矩，无非就是这样的：

主人公深夜归家后，发现全家都被砍死了。然后就是一群人开始追杀他，追到悬崖边上。

司马斜纵身跳下，不仅没有死，还得到了一本绝世武功秘籍，还有一个老头儿用自己的脑袋对着他的脑袋，把毕生功力全部传授于他。

之后，就是复仇。

复仇的过程中，司马斜不可救药地爱上了仇人的女儿欧阳莎莎。这可怎么办？杀还是不杀？仇报还是不报？爱情要还是不要？

故事陷入死结之际，主人公意外发现仇人的女儿并非亲生，而且仇人是道貌岸然的伪君子。

这一下，峰回路转，拯救了爱情，也拯救了人性。

最后，揭穿仇人的虚伪面目，并杀掉仇人，男主人公带着女主人公开始浪迹天涯。

四

后来，这篇未能完稿的小说，被广大读者在自习课上传阅时，遭到班主任没收，最后付之一炬。

可怜我的处女作，连个书名都没来得及起，就夭折了。

这大概就是当初我假装文艺青年的开始吧，虽然后来也写过一些不知所云的打油诗、求爱的情诗，还留过小山羊胡子，穿过大碎花的裤衩和衬衣，想在假装文艺青年的路上走走试试，但最终还是放弃了文艺青年之路。

如今，早已时过境迁，我即便再假装，也成不了文艺青年。后来，我成了老师，虽然看起来不那么正经，但多数时候，还是要装装样子。

最近，闭门读书写字时，脑中偶尔还会回忆起假装"文青"的时光。

希望你和我一样，能在将来的某一天想起过往的时光时，嘴角泛起微笑。

永远不要停下前进的脚步

我在高校教书的日子

人的成长是一辈子的事情，成长的突破点可能就在于：从绝望中寻找希望。

一

2010年，我即将研究生毕业。3月23号，我坐最早的高铁来到北京，然后坐地铁1号线一路向西，在八宝山站下车，然后打了辆出租车去北方工业大学参加试讲。

上午10点，我来到了北方工大瀚学楼5层一个语音室。当我走进去时，发现里边已经有很多人等着参加试讲。

略显紧张的我，深吸一口气，找到一个空座坐下来。

之后，我问旁边的一个男同学："这位同学，您是哪个学校的？"

那位同学看了我一眼，说："我是北大的。"

我说："北大挺好的。"

旁边还坐着一个女同学，我又问她："这位同学，您是哪个学校的？"

她说:"我是香港中文大学的。"

我说:"这个学校也挺好。"

那个女孩子问了我一句:"你是哪个学校的?"

我说:"我是河北师范大学的。"

她说:"河北师大?也挺好!"

那一刻,我有点儿紧张,心情糟糕,甚至有一丝丝绝望,脑子里边瞬间想到了一句话:"石雷鹏到此一游。"

但片刻之后,我的心情突然变轻松了,他们都是大牛呀,能跟他们同台竞技已属荣幸,输了也没啥损失。于是告诉自己放手一搏。

在接下来的试讲中,我用无比轻松的心情和无比流畅的语言,顺利讲完了20分钟的内容,中间还讲了一个段子,那些听试讲的老师听了哈哈大笑。

上午的试讲结束后,我在出电梯时,又碰到了那位北大的小伙子。

我问他:"有没有通知你下午的面试?"

他说:"没有。"

我说:"通知我了。"

下午,我就继续参加了后边的几轮面试,直到后来被通知录用。

当然,我也不敢说自己比那天同场竞技的人更厉害,但如果没有放手一搏,我想即便机会砸到我头上,我可能也接不住。

所以,亲爱的你,当你绝望时,请你一定要再咬牙坚持下去那么一点点。

二

入职的第一天,我的领导——公共英语系主任高越老师找我谈话。

高老师语重心长地说:"把你招进来,我的压力还是很大的。"

我说:"为啥呢?"

他说:"因为在面试时,我没有要那个北大的,也没要香港中文大学的,偏偏要了你。所以,如果你以后干不好,那就说明我在招聘时看走了眼。"

我立即摆出"士为知己者死"的姿态,信誓旦旦地向领导保证一定好好干,最起码不让领导脸上挂不住!

最后他还补了一句:"你知道,为什么把你招进来吗?"

我摇了摇头。

他说:"因为你是个男的,我们今年倾向于招男生,而且你居然试讲时比那个北大的小伙子表现还好。其实,试讲时都是'盲评',评委不知道你们的毕业学校。会不会录用,主要看试讲和综合表现,所以结果相对公平。"

我问:"为啥倾向于招男生呢?"

他笑了笑,说:"慢慢你就懂了。"

是的,后来我真的懂了:我们那个教研室阴盛阳衰,缺乏壮汉劳动力。一共32个老师,其中有29个女老师,3个男老师,我进去之后就成为第4个男老师。

我入职教了一个月课后,学生普遍反响还行;当年过了国庆节,高老师找到我说:"不好意思,小石,咱们办公室的吕老师怀孕了,她的课你要帮忙代一下。"我说:"没问题。"

2011年,高老师又找到我,他说:"咱们办公室的汪老师怀孕了,她的课你要帮忙承担一下。"我说:"没问题。"

2012年,我们办公室的牟老师怀孕了,高老师又找到我,他说:"小石呀……"

我说:"我知道了,没问题!"

2014年,高老师再次找到我,他说:"咱们办公室的谢老师今年55岁了……"

我问:"怀上了?"

他说:"那倒不至于,她的女儿怀孕了,她申请提前退休几个月,回家去照顾生小孩儿的女儿,所以她的课还要辛苦你来代一下。"

我说:"没问题。"

然后,我就有了"孕妇之友"的称号。很多人问我:"这样拼,难道你不累吗?"

答案是我当然很累,但是那段日子,是累并享受着。长期以来,判断一份工作是否值得去做,我有三个标准:

第一,看这份工作有没有带给自己很大的成长空间,能否让我学到很多东西;

第二,看这份工作是不是自己喜欢做的,喜欢才肯为之付出;

第三,看这份工作会不会给自己带来不错的经济回报。

如果这三点同时满足,算一份理想的工作;如果能够满足其中的两点,是一份好工作;如果能够满足其中的一点,还能凑合着干下去。

如果说三点都不满足的话,继续干下去就是在混日子,混日子无非就是两种结果:要么就是你辞掉工作,要么就是工作把你辞掉。当然,你也可以选择一直混下去,这样迟早会把自己混成一个废物。

当时的累和忙碌,给了我很大的成长空间。也是在那段时期,我通过不同的反复教学,磨炼出了自己的一些教学技能。

毕业后，为啥一定要去大城市？

一

这个世界上，从来就没有什么从天而降的幸运，但这不妨碍有的人一直保持相对的幸运，比如，我最熟悉的人，Sky。

读本科时，Sky 资质平庸、懒散、没啥上进心，但幸运的是，有人带着他、拉着他往前奔跑。

拉着 Sky 往前跑的人，是他的舍友、睡在上铺的兄弟 Peak。Peak 就是那种比别人优秀，还比别人努力百倍的人。

Peak 的人设接近完美，他勤奋、刻苦、品性敦厚、有才有德、嗓音浑厚。如果说 Peak 有缺点，只能说他没有好看的皮囊。Peak 确实相貌平平、个子不高、不威武、不雄壮，而且因为不喜油腻、不吃甜食，总是瘦骨嶙峋的。

Peak 去自习室或图书馆时，总会喊上舍友。可惜，其他舍友都有女朋友，有爱情的人，谁还天天跟舍友一起混？

Sky 呢，很长一段时间也没有女朋友，所以每次 Peak 喊大家去学习时，Sky 就说："看你楚楚可怜，连个女朋友都没有，我委屈一下自己，跟你一起去吧。"

听到这样的话，Peak 总是一脸冷静而又温柔地说："别扯淡了，等老子有女朋友了，谁还叫你一起吃早餐上自习？"

其实，德才兼备、灵魂有趣的三好学生 Peak，深得同年级、低年级和高年级很多女生的垂青，但奈何 Peak 的一颗"芳心"早有所属。他爱慕的女生是班长，也是学习成绩最好的女生，姓马，大家管她叫小马姐姐。

说起这位小马姐姐，也有几分传奇。她高考第一年就考进了 985 学校，但不喜欢所选的专业（建筑），强忍半年后，退学重新参加高考；二战依然高分，虽然后来录取她的学校不如原来好，但她进了喜欢的英文专业。

Peak 对小马姐姐一见倾心，再见倾倒，爱慕至极，睡觉时在梦里都会念叨人美声甜的小马姐姐，还有她读英文时的伦敦腔。

Peak 暗恋小马姐姐三年，倒也不悲不苦，因为小马姐姐也一直单着，两个人还互为竞争对手，专业成绩始终是伯仲之间。

大四第一学期伊始，学校开启了校内研究生推免（俗称保送）。那天，Sky 正在宿舍睡午觉，一阵急促的手机铃声响起，辅导员老师通知他下星期参加保送研究生的测试。

Sky 一脸蒙，因为昨天刚看了学院公布的保送条件，他的专业成绩排在小马姐姐和 Peak 之后，名额有限，他没资格。

Sky 这哥们儿也没打算考研，他做了简历，准备找工作。接完电话，Sky 揉了揉眼，捏了捏脸，清醒了几分，又翻看了刚才的电话号码，确实是辅导员打来的。

怎么回事？Sky 起身，把睡在上铺的 Peak 捏醒，问他："我刚接到学院通知，去参加保研考试，没通知你吗？"

Peak 同学也不睁眼，说："通知了，怎么了？"

Sky 说："不对呀，名额只有一个，有保研资格的应该是你或小马姐姐。"

Peak 说："我放弃了，想考个自己想去的学校。"

Sky 又说："还是不对呀，你放弃了，还有小马姐姐，难道……"

Peak 坐起来，脸上露出了一丝甜蜜又诡异的笑，说："我们俩都放弃了。"

Sky 看着 Peak 一脸的"骚气"，好像明白了点儿什么，于是大声问："快说，你们俩是不是有故事了？"

Peak 起身跳下床，说："我倒是希望发生点儿故事，可惜了！"

Sky 继续问："那你怎么知道小马姐姐也放弃保研资格了呢？"

Peak 一边穿鞋一边笑着说："你个'二货'，她要是没放弃，怎么会通知你呢？"

就这样，Sky 这个家伙，本来没有保研的资格，但第一名放弃了保研，第二名也放弃了，他是第三名，机会就这样砸到了他头上。

既然有机会，那就试试吧，Sky 抱着"得之我幸，失之我命"的心态参加了保研选拔，最后还就保研成功了。

那天晚上，宿舍的几个哥们儿卧谈，其中一个说："Sky，你走了狗屎运呀！要是 Peak 和小马姐姐没放弃，保研怎么会轮到你？"

虽然那个哥们儿说的是事实，但 Sky 听完心里还是有点儿拧巴。好在 Peak 情商高，他笑着说："Sky 能保研，凭的是实力，保研可不是谁想保就能保上的。"

后来 Peak 和小马姐姐都考上了北外研究生，Peak 也在一个月黑风高的夜晚，鼓足勇气向心上人表白了。

据 Peak 说，被表白后，小马姐姐质问他："你小子，早干吗去了？喜欢为什么不早说？害我单身这么久。"

那一刻，Peak 有点儿蒙，甜蜜的心在风中凌乱了。

二

读研期间的一天，Sky 睡午觉时被舍友叫醒了，舍友和几个同学要去参加当时一家很牛的培训机构的招聘面试，他们问："你去吗？"

Sky 揉了揉眼，想了想，说："去吧，反正下午也没事。"

结果，那次面试，喊他去的人没面上，Sky 却因讲课时略带幽默，终被录用。Sky 还算有点儿良心，用兼职挣到的钱，请落选的几个哥们儿喝了顿酒。

再后来，Sky 研究生毕业想回老家的高校谋一个教师的职位，结果要么简历石沉大海，要么招聘单位的领导直接告诉他或间接暗示他，很多岗位已经"安排"好了。

无奈之下，Sky 就在网上给北京的几所高校投了简历，回信的虽然寥寥无几，但终究是有几所高校给了面试的机会和希望。

不得不说，在就业方面，小城市里人情关系因素无法忽视。相反，大城市里，尤其是一线城市里拼的，更多的还是能力。

Sky 最开始并不知道这一点，所以在二三线城市兜兜转转，浪费了好多时间；所幸他并没有死磕二三线城市的就业机会，而是抱着试一试的心态，来到了大城市。

后来的结果还是蛮不错的。Sky 面试了四所高校，其中有三所高校给他发了 offer（录取通知书），然后他就选了其中自认为最好的一个。

一切才刚刚开始，一线城市的竞争更激烈，压力更大，节奏更快，但机会也更多，成长更快，更重要的是，在一线城市，会有机会结识更多更厉害的人，眼界和视野，就此变得开阔了。

后来的 Sky 不仅在高校站稳了脚跟，还在兼职的培训机构成为小有名气的人物。

曾经有段日子，Sky 觉得自己的一生也就这样了：享受高校的稳定安逸，同时兼职挣点儿外快。但平淡的生活，在有大风大浪的地方，总不会永远平静。

Sky 在培训机构的同事 South，拉着他一起投身在线教育的创业中，又杀出了一片新的天地。不仅如此，Sky 的战友 Longer 老师野心勃勃，又闯入文学创作和影视文艺圈中。

朋友的朋友，也可能成为朋友，就这样，Sky 踩着"巨人"的肩膀，视野不断被打开，思想观念也不断被冲击和改变。

Sky 的身边，净是一些有着不安的灵魂、新奇的想法，玩命努力、无比优秀、敢闯敢拼的人。很多时候，我们自己虽然不是牛人，但只要选择始终跟着牛人奔跑，时间久了，也会成为像牛人一样的人；即便没有成为像牛人一样的人，但追赶牛人的过程，至少会让自己变得更好、更优秀。

Sky 曾经无数次遐想过，如果不是来到大城市，现在的他，可能就是一个乡野村夫，每天日出而作，日入而息，闲时坐在街边，抽口小烟，喝口小酒，看看街头的人间烟火。当然，这没有什么不好，但总觉得，人生一世，就这么过，好像少了点儿什么。

三

今天，一个同学在微博上问我："老师，我毕业找工作，有两个选择：一个是回家乡，工资虽然不高，但有稳定安逸的生活和工作；一个是大城市，收入略高，但将来生活压力可能比较大，毕竟一线城市的生活成本更高，压力更大，尤其是房价。我该选哪一个？"

我说："这件事，没人给你标准答案，但 Sky 的经历，可以供你参考。他是小镇青年，到市里读高中，再到二线城市读大学，最后杀到一线城市，人间的疾苦、辛酸和喜乐，都经历过。不是完美的机会，也是机会，有机会改变，就请你抓住机会去改变。"

最后说一句，不要在年纪轻轻的时候，就想着能不能买得起房子这类遥远的问题。现在年轻的你，成长比买房更重要。当然，如果你爸妈有能力给你买房，也没必要拒绝；如果你爸妈没有这个能力，也没必要颓废，请你立志，强大自己，让爸妈跟着你享福吧。

扯了半天，最后要补充说明一下：我之所以如此了解 Sky，因为 Sky 就是我，我的中文名叫石雷鹏，英文名叫 Sky，as pure as sky（像天空一样纯净）。

永远不要停下前进的脚步

多少无知罪愆，事过不境迁

又是一年儿童节，朋友圈里，很多成年人在装嫩，庆祝不属于自己的节日。

多数人的童年记忆，是满满的幸福。但也有人的童年记忆里，除了快乐，还有阴影，比如我。

一

儿时，我是个胖墩儿，且皮肤黝黑铮亮。

同班同学中，有个成绩好但嘴贱的家伙，给我起各种外号（不具体说是啥了，反正不是好词），更可恶的是他还教唆好多人跟他一起喊。

在经受了几番"凌辱"之后，我忍无可忍，开始跟他干架。但正面交锋后，我发现自己是真打不过他，他的拳头号称"全校最硬"。

那时电视里经常播放一些武侠电影和电视剧，很有心机的我，悄悄模仿剧中的武功招式，并勤加苦练。不久，我趁"硬拳头"不注意，在他身后凌空飞起一脚，踢中了他的背部，直接把他踢倒在地。

好半天，他都未能站起身。也不知过了多久，他终于忍着疼痛站起来指着我骂："你算什么英雄，竟然偷袭！"

我才不管是不是偷袭，只觉得自己好厉害，大仇得报的兴奋之情溢于言表，以至于后来的几个晚上，只要闭上眼，脑中全是自己腾空飞起的潇洒身姿。

"硬拳头"同学后来没再惹我。第二天他爸跑到学校替他请假，说他被火烧伤了。我当时还有点儿后怕，心里嘀咕："他是不是因为被我偷袭造成重伤，不堪受辱，就自焚了？如果他死了或残了，我是不是还要蹲监狱？"

不得不说，儿时的我，想象力跟疯狗一样狂野。后来，我多方打听之后才知道，他被烧伤跟我没有半点儿关系。

小学毕业后，我们去了不同的初中，我和他就很少在街头碰面了。

再后来，我去市里读高中，去外地读大学，研究生毕业到北京闯荡，跟他完全没了联系。

前年春节时，我回老家，居然在村里邂逅了这位当年干过架的"战友"。四目相对的一瞬间，我们都笑了。不仅相逢一笑泯恩仇，他还夸我比以前白了、帅了。我本想也夸夸他，但看了看他丰满的啤酒肚和肥硕的大脸，我笑了笑，说："你的小日子过得很滋润呀，浑身都是油水！"

他听完我的调侃，哈哈大笑，浑身上下的肉也跟着颤抖！

如今的我，早已不再介意别人说我黑、腿短，长得像宋小宝之类的话，因为我早已接纳了这些别人眼中所谓的"不完美"，我更懂得决定自己人生价值的，绝不仅仅是外在形象，更重要的还有能力、素养、知识、三观和所创造的社会价值。

但我也深知，并非每个儿时因身体缺陷而遭耻笑讥讽的人长大后都能自愈。很多时候，语言和态度的冷暴力，和其他伤害的威力相比毫不逊色。很多儿时遭遇过语言和态度冷暴力的人，多年后，依然在努力治愈自己。

二

我幼年时被群殴过。

我上小学时，身边有些同学在看电影和电视剧时，对其中的暴力、犯罪、黑社会和帮派斗殴之类的情节产生了兴趣，并且开始模仿。

当时，我熟识的几个小伙伴成立了一个帮派，虽然现在我记不得名字了，但确有其事。帮派的主要任务就是"谋财"，具体来讲，就是到村里的一些没人住的老房子里搜刮能卖的东西（主要是废铁），然后卖钱，买好吃的。

在他们热情的邀请下，我半推半就地入伙了，但很快就想退出了，毕竟我还有点儿常识，知道这事不能干。因为被抓住的话，要挨打，甚至会被扭送到派出所关小黑屋。

我说自己要退出，他们指责我"叛变"，还担心我会走漏风声。于是，就商量准备在放学后堵住我，对我进行打击报复，想让我吃不了兜着走。

我呢，一看他们人多势众，立即就认怂了，于是就被动挨打了一次。

第一次被群殴，其实也没啥外伤和内伤，毕竟是小孩子打架，你懂的，拼的是谁发育早，但心里很难受。因为要面子，不愿跟家长和老师说，就劝自己忍忍；同时立志将来出人头地时，再找他们算后账。

我没想到的是，第二天，他们放话出来说，放学后要继续堵我。

那天，我哪还有什么心思听课，一直在冥思苦想该怎么办。后来，我想起了我爸曾经跟我讲过的策略："如果有人跟你打架，对方人多，肯定打不过，就跑；但如果不得不面对，就拣软柿子捏。"

我决定：如果他们一群打我一个，我就专门打那个发育最晚、最瘦、个子最小的。

有了对策，放学后我面对他们时，心里虽还有些胆怯，但没那么慌张了。

当时打架的过程中用过什么招式和武功，我已经没啥印象了。多年后的今天，我只能想起当时的诡异场面：我追着那个最瘦最小的男孩儿打，后面一群男孩儿追着我打。

每当思绪触及这件往事时，我总会想：挨打的是我吗？会不会有人误以为是一群粗壮的男生追着打一个又瘦又小的男孩子呢？

三

两年前，我的好朋友李尚龙写了部长篇小说《刺》，该小说就是以校园霸凌事件为主题展开的，后来还被改编成电视剧和电影搬上大屏幕。

我参加他的新书发布会时，曾经在站台演讲中讲述这段被霸凌的往事。台下的听众是在哈哈大笑中听完这段故事的，我之所以能以并不压抑甚至有点儿轻松幽默的口吻去回忆，因为我是幸运的，没有让校园霸凌的忧伤在之后的生命里如影随形。

但我也深知，并非每个人的童年都像我一样遭遇霸凌，也并非每个童年曾经遭遇霸凌的人都会像我一样幸运地摆脱阴影。幸运的人，一生都被童年的快乐治愈；不幸的人，一生都在治愈童年的阴影。

就在儿童节前的 5 月 28 日，冲上热搜的是一个初中女生被 4 个男生围殴的视频。视频中，女生被迫跪在地上，忍受 4 个男生的掌掴和脚踢，场面令人发指，让人无比揪心。

最后的结局是警方介入，4 个男生的监护人向女生道歉，学校对涉事学生进行记过处分和批评教育，双方私下和解，大事化小，小事化了。

但这样的处理，治标不治本；没有遏制源头，此类事件就会一直存在。这对受害者造成的伤害不仅无法在短时间内消除，而且他们要用之后的几年甚至一生来治愈这段伤痛。

何况，被媒体报道出来的校园霸凌，可能只是冰山一角。

多少无知罪愆，事过不境迁。没有人希望自己的童年记忆有阴影，也没有哪个父母能忍受自己的孩子被霸凌。

从立法到有效遏制校园霸凌，美国人用了 16 年时间。中国之前虽然制定了相关的法律政策，但从立法到落地实施并最终有效遏制校园霸凌，我们依然有很长的路要走。

愿每个成长中的少年，都会被世界温柔以待！

以声音刻文字，分享人类图书

天喜文化